(연구결과 활용을 위한)

원예·특용작물 기술정보(13)

농촌진흥청
국립원예특작과학원

목 차

Ⅰ. 채 소 ······················· 1
1. 시설환경관리 ············ 3
2. 오이 ······················· 8
2. 배추·무 ·················· 18

Ⅱ. 과 수 ······················ 25
1. 사과 ······················ 27
2. 배 ························· 34
3. 복숭아 ··················· 36
4. 포도 ······················ 38
5. 감귤 ······················ 46
6. 단감 ······················ 51
7. 키위 ······················ 68

Ⅲ. 화 훼 ······················ 73
1. 프리지아 ················· 75
2. 헬레보루스 ·············· 80
3. 농촌 치유관광 ·········· 84

Ⅳ. 특용작물 ·················· 91
1. 인삼 ······················ 93
2. 당귀 ······················ 99
3. 천궁 ····················· 101
4. 강활 ····················· 103
5. 감초 ····················· 105
6. 약용작물 ················ 108
7. 느타리버섯 ············· 110

Ⅴ. 주요 원예·특용작물 경영정보 ············ 113
1. 풋고추 ·················· 115
2. 파프리카 ··············· 122
2. 주요 작물 가격동향 ·· 131

目 次

- I. 서론 1
  - 1. 기상현황정리 3
  - 2. 용어 8
  - 2. 예주요목 18
- II. 기후 25
  - 1. 사계 27
  - 2. 봄 34
  - 3. 봄추이 30
  - 4. 초봄 38
  - 5. 강풍 40
  - 6. 장마 51
  - 7. 가뭄 58
- III. 일기 73
  - 1. 여자지이 75
  - 2. 에너모스 80
  - 3. 응축 지수현상 84
- IV. 천문현상 91
  - 1. 일식 93
  - 2. 월식 93
  - 3. 혜성 101
  - 4. 지진 103
  - 5. 강호 104
  - 6. 이상진동 108
  - 7. 드리피지 110
- V. 주요 雷雨·풍수 기타 기상현상 113
  - 1. 뇌고우 115
  - 2. 과로리기 122
  - 2. 주요 기록 기상추기 131

원예·특용작물 기술정보(제148호)

《 요 약 》

< 채 소 >
○ 시설환경관리는 시설 재배지의 토양 화학적 특성, 토양 염류집적 및 장해 발생원인 등
○ 오이는 육묘기 환경관리, 토양관리, 정식 등, 영농 활용 1건
○ 배추·무는 적기 수확 및 작업요령, 저장관리, 영농 활용 1건

< 과 수 >
○ 사과는 만생종의 착색 관리, 수확 및 저장, 가을거름, 영농활용 2건, 보도자료 1건
○ 배는 가을전정에 의한 측지 양성, 병해충 관리
○ 복숭아는 토양 개량, 과원관리, 병해충 방제
○ 포도는 수확 후 과원관리, 저장양분 축적, 간벌, 가을거름, 보도자료 2건
○ 감귤은 생리생태, 수상 선과, 수확기 판정, 수확 및 저장, 가을전정, 가을거름, 영농활용 1건
○ 단감은 수확, 예건, 예냉, 선과, 보도자료 1건
○ 키위는 생육 후반기 키위 과실의 변화, 수확과 저장, 병해충 관리, 영농활용 1건

< 화훼·도시농업 >
○ 프리지아는 작형 및 재배, 생육 시기별 관리 요령, 수확 및 출하 등
○ 헬레보루스는 현황과 전망, 종류 및 특성, 재배기술, 영농 활용 1건
○ 농촌치유관광은 치유관광의 개념, 가치와 영향, 특징, 영농 활용 1건, 보도자료 1건

< 특용작물 >
○ 인삼은 개갑처리 중 수분관리, 직파재배, 모밭 관리, 본 밭 보식, 본 밭 월동관리
○ 당귀는 수확, 영농활용 1건
○ 천궁은 수확 및 조제, 영농활용 1건
○ 강활은 정식, 수확 및 조제, 영농활용 1건
○ 감초는 수확 및 조제, 보도자료 1건
○ 약용작물은 수확(황금, 더덕, 백수오, 고본, 작약), 파종·정식(당귀, 시호, 둥글레)
○ 느타리버섯은 영농활용 3건

< 주요 원예·특용작물 경영정보 및 연구 성과 >
○ 풋고추는 수급 전망 및 동향, 수익성 등
○ 파프리카는 수급 전망 및 동향, 수익성 등
○ 주요 작물 가격 동향은 9월 17일 기준임

I. 채 소

1. 시설환경관리

□ 시설 재배지의 토양 특성

  ○ 시설재배는 연중 계속 재배할 수 있지만 재배 환경의 변화에 대한 재배기술 체계가 확립되어 있지 않아 여러 가지 문제가 발생 되고 있으며, 주요 원인은 토양이나 양분관리의 불합리에서 오는 경우가 많음
  ○ 지금과 같은 관행적인 비료 사용법이나 토양 관리로는 지속적으로 생산 농산물의 수량을 높이지 못함
  ○ 노지에서는 다소 비료를 많이 주어도 비료 성분이 빗물에 의하여 토양 아래로 용탈되어 후작에까지는 영향을 미치지 않지만, 시설재배에서는 시용된 비료의 잔류성분이 그대로 후작에 영향을 주거나 지속적으로 누적되어 작물의 염류장해를 일으키고 있음
  ○ 시설재배는 비료의 농도 장애와 특정 성분의 집적에 따른 양분간 불균형 등 여러 가지 문제가 발생 되고 있음
  ○ 토양은 환경에 따라 성질이 변하며, 외관상 같은 토양인 것 같아도 짧은 기간 동안에 전혀 다른 토양으로 변함
  ○ 시설 재배지의 양분 함량
   - 비료를 많이 사용하고 있는 시설 재배지는 인산, 칼륨, 칼슘, 마그네슘 함량이 적정치를 초과하여 노지 밭 토양에 비해 염기포화도와 전기 전도도(EC)가 높음
   - 또한 시설 재배지는 연속적으로 3년만 경작하더라도 작물 생육에 적합하지 않은 토양으로 변하여 여러가지 생리장애를 많이 일으키게 됨

<시설재배지 토양의 화학적 특성>

구분	유효인산 (mg/kg)	교환성 양이온(cmol/kg)			염기 포화도 (%)	전기전도도 (dS/m)
		K	Ca	Mg		
경엽채류	873	1.34	10.0	3.2	145	2.4
과채류	720	1.10	8.0	2.7	118	2.2
밭토양	440	0.69	6.3	1.7	87	0.6
적정범위	400~500	0.70~0.80	5.0~6.0	1.5~2.0	65~80	2.0 이하

〈설재배 연수별 토양의 화학성 변화〉

재배 년수	유기물 (g/kg)	유효인산 (mg/kg)	교환성 양이온(cmol/kg)			염기 포화도 (%)	전기전도도 (dS/m)
			K	Ca	Mg		
1~3	30	1,087	1.35	7.3	2.5	108	0.22
4~6	33	1,504	1.43	8.0	2.8	119	0.26
7~9	33	1,599	1.58	8.0	2.8	120	0.27

○ 토양수분의 이동
 - 우리나라는 비교적 강우량이 많으며 자연 상태에서는 빗물의 1/3이 토양 속을 통과하여 지하수로 흘러감
 - 이때 토양에 있는 여러 가지 영양소가 빗물과 함께 흘러 내려가는데 이 현상을 '용탈'이라 함
 · 이와 같은 과정은 노지에서 발생하며 토양이 산성화되는 주된 원인이 되기도 함
 - 특히 채소류는 질소비료를 많이 시용하지만 사용한 질소의 절반 정도가 빗물에 의하여 용탈되고, 이때 질소만 용탈되는 것이 아니라 토양 중 칼슘 또는 마그네슘과 동반하여 아래로 용탈됨
 · 예를 들면 채소밭에 질소 비료를 10a당 30kg씩 주고 연간 3기작을 하면 90kg의 질소 비료가 들어가며, 이 중 작물이 이용하는 양은 30kg 정도이고 나머지 60kg은 용탈되거나 유실됨
 · 이때 질소와 함께 용탈되는 칼슘의 양은 85kg 정도이며, 이를 농용 석회인 탄산석회($CaCO_3$)로 계산하면 약 200kg에 달함
 · 이와 같이 노지 토양은 물의 이동과 함께 용탈되는 토양이 됨
 · 그러나 시설 재배지의 토양 중 물 이동은 노지 토양과 정반대이며 완전히 피복된 상태에서는 빗물이 차단되어 지표에서 지하로 내려가는 물의 이동이 적음

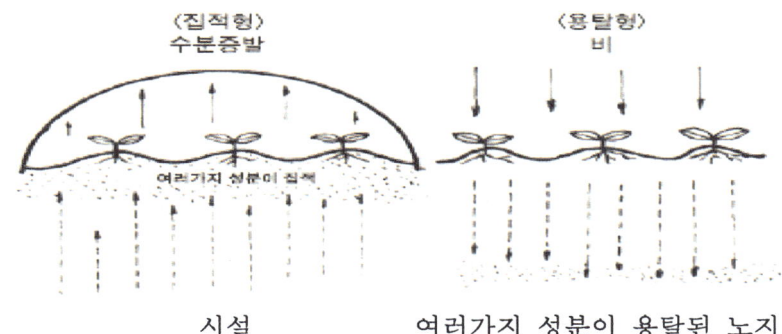

<시설과 노지 토양의 수분이동>

- 또한 시설 내부는 온도가 높기 때문에 지표면에서 수분의 증발량이 많아 토양수분은 모세관 현상으로 아래에서 위로 이동함에 따라 토양 중 많은 비료 성분들이 물과 함께 표토까지 상승되고 수분은 다시 고온으로 증발하여 염류가 표토에 쌓이게 됨
- 이와 같이 시설 재배지는 집적형 토양이 됨

○ 염류집적
- 염은 화학적으로 산과 염기가 결합된 것을 말하며, 비료로 사용되는 황산암모늄[$(NH_4)_2SO_4$]은 황산이라는 산과 암모니아라는 염기가 결합된 염이고, 황산칼리(K_2SO_4)는 황산과 칼륨이 결합된 염임
  · 염기는 전기적으로 양성을 나타내는 칼륨, 칼슘, 마그네슘, 나트륨, 철, 아연, 망간 등의 원소이고 산은 전기적으로 음성을 띠는 질산, 황산 및 염소이온 등임
  · 이와 같이 우리가 사용하고 있는 화학비료는 대부분 산과 염기로 결합된 염으로 되어 있음
- 토양에 시용한 비료는 그대로 작물에 흡수·이용되는 것이 아니라 작물에 흡수되는 주성분과 토양 중에 남는 부성분으로 분해됨
  · 예를 들면 토양에 염화칼리를 시용하면 양이온인 칼륨은 토양 입자에 흡착되나 음이온인 염소는 토양입자에 흡착되지 못하고 토양 중의 칼슘과 결합하여 염화칼슘으로 되어 토양용액 중에 남게 됨

- 또한 토양에 질소비료(유안, 요소)를 시용하면 이들 비료는 해리되거나 미생물의 작용으로 암모니아태 질소(NH_4^+)로 변함
- 이것은 토양입자에 흡착되지만 질산태 질소(NO_3^-)는 음이온으로서 토양입자에 붙지 못하고 토양용액 중에 녹아 토양 중의 칼슘과 결합하여 질산칼슘[$Ca(NO_3)_2$]으로 되어 토양 용액에 남게 됨
- 이와 같이 질소 비료가 질산태 질소로 되는 양은 질소 비료의 사용량이 많을수록 증가함. 따라서 염류가 집적되어 있을 때 어떤 성분이 많이 집적되었는지는 분석을 해보아야만 알 수 있음
- 일반적으로 시설 재배지에서 작물에 영향을 미치는 염류는 질산칼슘의 형태가 가장 많고 다음이 염화칼슘이며 일부는 황산과 결합한 황산마그네슘, 황산암모니아 등도 집적됨
- 인산은 토양 중의 철이나 알루미늄과 결합되어 고정되기 때문에 물에 녹아 있는 경우가 적어 인산염의 영향은 크지 않음

O 염류농도 장해의 발생
- 비료나 가축분 퇴비 등을 많이 사용하거나 토양이 장기간 건조되어 토양용액이 농축되면 작물은 염류장해를 받음
- 작물은 뿌리와 토양용액과의 삼투압 차이를 이용하여 물이나 양분을 흡수함
- 뿌리의 농도가 토양용액의 농도보다 높으면 작물은 정상적으로 물과 양분을 흡수하고, 토양용액의 농도가 뿌리의 농도보다 높으면 작물은 물이나 양분을 흡수하지 못하고 오히려 뿌리에 있는 물과 양분이 토양 중으로 나옴

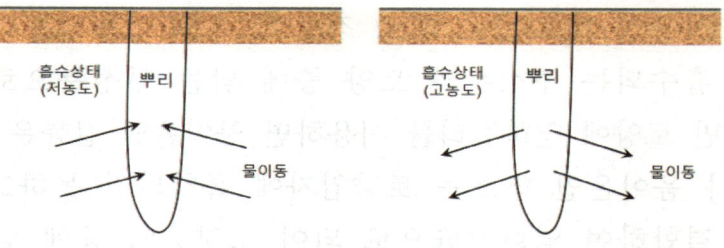

〈토양용액 농도와 수분흡수〉

- 따라서 염류농도가 알맞은 토양에서 자라는 작물은 생육과 품질이 좋지만, 염류농도가 높은 토양에서 재배된 작물은 생육과 품질이 크게 나빠짐
- 마늘은 인산이 많이 집적된 토양에서 재배하면 수확 후 저장성이 불량하여 쉽게 부패되고, 재배 시 토양에 염류농도가 높아지면 병 발생이 증가됨
- 염류농도에 따른 토마토의 생육과 병 발생과의 관계를 보면 토양의 EC가 높아짐에 따라 토마토의 신장 생육이 저해되고, 뿌리의 부패나 유관속 갈변현상이 심해지며, 발병률도 크게 증가됨

2. 오이

육묘기술

○ 육묘
- 오이 모종은 생육이 빠르고, 육묘기간 동안 꽃눈분화가 일어나므로 육묘기의 환경관리에 따라 암꽃이 맺히는 위치와 수가 달라짐
  · 따라서 육묘기에 관리를 소홀히 하면 정식 후의 생육은 물론 첫 수확시기와 수량이 크게 달라지며 생리장해 발생 원인이 되기도 함
- 촉성·반촉성재배 방식은 저온기에 파종하므로 파종상과 육묘상의 지온을 확보하기 위해 전열온상을 설치하여 육묘하도록 함
  · 파종상 면적은 본밭면적 10a당 기준으로 대목용 파종상을 포함하여 촉성재배는 7~10㎡, 반촉성은 7~9㎡가 필요하고, 이식상은 이보다 3~4배 넓게 필요함

<재배방식별 필요 종자량 및 온상면적>

재배방식	오이 종자 수	대목(호박) 종자 수	파종상 면적	이식상 면적
촉성, 억제	2,800~3,000립 (20mL, 7~8봉)	3,000립~3,500립	7~10㎡ (약 3평)	35~40㎡ (11~12평)
반촉성, 노지	2,400~2,800립 (20mL, 6~7봉)	2,800립~3,000립	7~9㎡ (2~3평)	27~30㎡ (8~9평)

- 상토의 구비조건
  · 육묘상에 쓰이는 흙은 상토의 질에 따라 모종의 생육에 큰 영향을 미치므로 좋은 상토를 만드는 것이 재배나 경영적인 측면에서 매우 중요함
  · 오이 뿌리는 산소 요구량이 많으므로 유기질이 많고 통기와 배수가 양호한 상토가 좋음
  · 유기질이 풍부한 상토는 뿌리군이 많이 분포되고 이식 시에 뿌리 잘림이 없어 활착이 좋음

- 상토는 병원균과 토양해충(선충)이 없는 무균상태이고 배수와 보수성이 양호한 것으로 토양 pH는 6.0~6.5의 약산성이 좋음
- 또한 육묘 중에 필요한 비료분을 적당히 함유하고 있고(EC: 전기전도도 1.0ms/cm 이하) 유기질이 풍부한 것이 좋음
- 상토에 화학비료를 많이 넣으면 가스장해, 농도장해의 우려가 있으므로 가능하면 화학비료의 양을 줄이고 육묘 중 모자라는 양분은 액비로 보충하는 것이 좋음
- 최근 상품화된 전용 상토를 많이 이용하고 있는데, 이들 시판 상토는 처음에는 물 흡수가 잘되지 않으므로 처음부터 한꺼번에 많은 양을 주지 말고 조금씩 자주 주어 상토 밑부분까지 충분히 물을 흡수했는지, 육묘 중에 상토가 말랐는지 확인해야 함
- 또한 상토 구입 시에는 반드시 비료 함량 특히 질소 함량을 확인하고 매년 재료가 동질인 상토를 사용하도록 함

- 속성 상토 조제법
  - 무병, 무충의 상토(적색토)와 마사토를 준비, 퇴적 풍화시켜 놓았다가 잘 발효된 유기물 퇴비(톱밥 및 볏짚퇴비, 부엽토, 발효왕겨)와 혼합하여 만듦
  - 적색토:마사토:유기물을 3:4:3의 비율로 혼합하고 혼합토 1,000L당 N:P:K=100~200:200~400:100~200g과 소석회 2kg, 지오라이트 2kg을 넣으면 과채류 육묘용으로 적당함
  - 상토는 파종이나 이식 약 2주 전에 비닐하우스 내에서 골고루 섞어 7일 정도 밀폐하여 두었다가 벗겨 2~3회 뒤적거린 후 포트에 담아 사용함

- 종자의 준비
  - 오이 발아율을 90%, 대목용 호박의 발아율을 80%, 접목 활착률을 90%로 보면 필요한 종자량은 10a당 2,800~3,000립(20mL 1작, 7~8봉), 대목용 호박은 3,000~3,500립(1~1.5L)이 필요하므로 재배자의 육묘 능력에 따라 10~20% 여유 있게 준비함

- 종자소독
· 시판되는 종자는 대부분이 소독되어 유통되지만 소독되지 않은 종자는 20℃ 전후의 벤레이트티(물 10L에 약제 50g짜리 1봉)에 1시간 정도 담가 소독한 후 당일에 파종함
- 싹 틔우기
· 종자는 싹을 틔워 파종해야 발아가 균일함
· 종자를 습기가 있는 수건에 잘 싸서 25~28℃에 14~15시간 두면 종자 끝에 흰색의 싹(촉)이 약간 보임
· 이때 파종상이나 육묘 상자에 파종, 파종 시기가 너무 늦으면 싹이 부러질 위험이 있으므로 주의함
- 파종 및 복토
· 파종은 대목을 어떻게 하느냐에 따라서 다른데 일반적으로 대목 뿌리를 약간 단근하는 접목의 경우에는 128공 플러그 트레이에 접수를 파종하고, 대목은 40~50공 플러그 트레이에 파종함
· 접목하지 않은 경우는 거의 없으며 40~50공 플러그 트레이에 하는 경우가 많음
· 발아 후 떡잎이 서로 겹치지 않도록 방향을 일정하게 파종하는데 오이의 떡잎은 파종한 종자의 장축 방향으로 전개하므로 파종 시 종자를 파종골과 직각 방향으로 파종, 파종 후 쥐에 의한 피해를 받을 수 있으므로 주의하도록 함
· 복토는 통기성이 좋은 상토나 모래를 이용하여 약간 두껍게 한 후(종자 두께의 2배 정도, 0.5~1cm) 신문지나 차광망 등으로 덮은 후 충분히 관수함
· 관수량이 부족하면 종피를 쓰고 나오는데 특히 대목용 호박은 심하므로 주의해야 함
· 파종 후 지온을 25~28℃로 관리하면 3~4일 후에(싹 틔운 것은 1~2일) 발아하는데, 발아하면 곧바로 차광한 신문지나 볏짚 등을 제거함

- 발아 후 낮 기온 25℃ 내외, 야간 최저기온 15~18℃, 최저지온 15~17℃가 되도록 관리
- 밤 온도가 너무 높으면 모종이 웃자라므로 발아 시간에 주의함
- 육묘일수
- 적정 육묘 일수는 재배 시기나 재배 방식에 따라 다르지만 억제재배는 18~22일, 촉성재배는 25~28일, 반촉성재배 및 조숙재배는 30~35일이 알맞음
- 접목재배를 하면 이보다 3~5일 길어짐
- 플러그 육묘를 할 때는 50공 트레이를 이용하여 기본 육묘 일수보다 3~5일 짧게 하는 것이 보통임
- 육묘 기간이 너무 길면 모종이 노화되어 활착이 나쁘고 품질 저하를 초래하며, 너무 짧으면 뿌리의 활력이 좋아 양수분 흡수가 많아져 잎과 줄기가 웃자랄 염려가 있음

<파종 시기별 적정 육묘일수>

파종기	11~3월	4~5월	6~9월	7~8월	비고
육묘일수	35일 내외	30일 내외	25일 내외	20일 내외	플러그육묘 시에는 이보다 3~5일 짧게 함
본엽	3~4매	3~3.5매	3매 내외	2.5매 내외	

○ 육묘 시 환경관리
- 온도관리
- 육묘상 온도가 적온보다 높아지면 환기하여 온도를 낮추고, 반대로 온도가 낮아지면 보온 또는 가온하여 적온을 유지함
- 특히 밤 온도가 높으면 모종이 웃자라게 되므로 주의하고 오이의 육묘에 알맞은 온도는 낮에는 20~28℃, 밤에는 17~20℃ 내외이나 육묘 시기에 따라 관리해야 함
- 파종 직후부터 발아까지는 온도를 26~30℃로 약간 높여 발아를 균일하게 하고, 발아에서 떡잎 전개 시까지는 이보다 2~3℃ 낮게 관리함
- 이 시기 온도가 너무 높으면 배축이 갑자기 커져 모종이 웃자라게 되므로 주의함

- 떡잎 전개에서 접목 직전까지는 24~26℃로 하여 모종을 굵고 튼튼하게 키우고 접목 후 약 3일간은 접목활착과 이식 후 활착을 돕기 위해 약간 높게 관리하며, 활착 후에는 다시 약간 낮추어 관리함
- 정식 3~4일 전부터는 온도를 더 낮추어 모종을 경화(硬化)시키는 것이 활착과 초기 생육에 좋음

<오이 육묘 시 단계별 온도관리>

생육단계	기온(℃)		지온(℃)		비고
	주간	야간	주간	야간	
파종~발아	26~30	20~22	25~28	22~24	발아촉진
발아~떡잎 전개	25~28	17~19	23~25	19~21	도장, 입고병 방지
떡잎전개~접목 전	24~26	12~14	23~25	14~16	순화(하드닝)
접목~활착	25~88	16~18	23~25	18~20	활착 촉진
활착~본엽 3매	24~25	14~16	23~25	16~18	암꽃분화 촉진 온도 관리
정식 2~4일 전	24~25	15	23~25	14~16	정식 전 순화

- 물 관리 및 비료 관리
 - 발아 시 상토가 너무 건조하면 종자가 종피를 벗지 못하므로 파종 복토 후에는 충분히 관수 해주고, 발아 후에 관수량이 너무 많으면 모종이 웃자라고 병이 발생할 염려가 있음
 - 따라서 육묘 초기에는 2~3일에 1회, 육묘 중기 이후에는 매일 1회씩 오전 중에 물을 주고 고온기에는 더 자주 관수함
 - 물주기는 맑은 날 오전 중에 하고, 저녁 무렵에는 육묘포트 표면이 약간 마른 느낌이 들 정도가 되어야 웃자라지 않고 병 발생도 적음
 - 상토에 비료분이 부족하면 모종 자람이 나빠지므로 모종 상태를 보아가며 액비를 엽면살포 하거나 관주함
 - 반대로 비료분이 너무 많아 농도 장애, 가스 피해의 염려가 있는 경우에는 관수를 자주 하여 비료분이 씻겨 내려가도록 해야 함
 - 장해가 너무 심하여 회복이 늦어지면 빨리 정식하는 것도 한 방법임

- 햇빛 관리
- 겨울철에 육묘할 때 햇빛이 부족하면 모종이 연약하고 웃자라 좋은 모종을 가꾸기가 어려우므로 가능한 한 햇빛을 많이 받도록 커튼, 보온 덮개 등을 일찍 열어줌
- 육묘 하우스의 북쪽을 알루미늄필름으로 피복하면 반사광을 이용할 수 있어 부족한 광량을 보충할 수 있음
- 그러나 한여름철 육묘 시에는 30% 정도 차광을 하여 잎의 온도 상승을 억제함
- 양분관리
- 오이 모종은 질소 부족에 민감하며, 결핍 시에는 줄기가 가늘어지고 잎이 작아지며 잎색이 옅어지고 생육이 늦어짐
- 모종의 생육 시기에는 인산의 결핍증도 나타나는데 줄기가 가늘고 길어지며 잎이 작아지고 짙은 녹색을 띠며 뿌리의 발달이 나빠져 생장이 늦어지기도 함
- 칼리가 부족하게 되면 잎의 가장자리가 황화되고 엽맥 사이에 흰색의 반점이 나타나며 생육 불량을 가져옴
- 한편 질소와 칼리는 길항작용을 나타내어 질소시비량이 많아지면 칼리의 흡수가 적어짐
- 모종 굳히기(순화)
- 포장에 아주심기 전에 외부 환경에 견딜 수 있도록 모종을 굳히는 것을 '순화' 또는 '경화(하드닝)'라고 함
- 아주심기 3~5일 전부터 물주는 양을 줄이고 온상의 지온과 기온을 낮추며 서서히 직사광선을 쪼여주면 됨
- 이렇게 하면 모종은 엽육이 두껍고 단단해지며, 큐티클이 발달하여 불량 환경에 견디는 힘이 증가하나, 너무 과도하게 모종을 경화시키면 아주 심은 후 활착 및 초기 생육이 지연될 수가 있음

- 육묘 관리 시 주의 사항
• 저온기 육묘(촉성·반촉성재배), 즉 온도가 낮고 햇빛이 다소 약한 조건에서는 암꽃 착생이 잘 되는 반면 곁줄기 생장이 억제되므로 영양생장과 생식생장의 균형적인 발달을 도모하기 위한 주간온도 관리에 주의가 필요함
• 특히 야간에 온도가 너무 낮으면 순멎이(생장점 성장이 멈추거나 둔화)가 생겨 모종을 쓸 수 없게 됨
• 포트 규격에 의한 정식모 나이는 포트 직경이 6cm 정도의 크기일 때 본잎이 2~2.5매, 포트 직경이 10~12cm 크기일 때 3~3.5매 시에 정식하는 것이 좋음
• 어린 모종일수록 뿌리가 밑으로 신장하려는 경향이 있고, 노화된 모종일수록 뿌리가 엉켜서 옆으로 뻗음
• 그러므로 아주 심는 초기에 뿌리가 땅속 깊이 들어가도록 유도하고 초세를 오랫동안 유지하려면 되도록 어린 모종을 정식하는 것이 좋음
- 정식에 알맞은 모종 크기
• 오이의 정식에 알맞은 모종의 크기는 재배 작기에 따라 다르지만 대체로 본엽 3~5매로 파종 20~30일 전후의 모종임
• 여름철에는 온도가 높기 때문에 생장속도가 빠르고 뿌리도 쉽게 노화되므로 육묘 일수를 다소 짧게 함
• 육묘 일수가 너무 길어서 모종이 늙으면 정식 후 활착이 지연됨
• 촉성·반촉성재배 방식은 연료비가 많이 들어가므로 약간 큰 모종을 심는 것이 초기 수량을 높일 수 있고 연료비가 절감되어 경영상 유리함
• 어린 모종을 정식하거나 성형 포트에 육묘한 것은 밑거름 양과 관수량을 약간 줄여야 하고, 늙은 모종을 정식할 경우에는 반대로 충분한 시비와 관수를 해주는 것이 좋음
• 어린 모종에 시비량과 물주는 양이 너무 많으면 웃자라게 되어 착과가 나빠짐

- 재식거리
  · 오이 재식거리는 재배 방식이나 품종에 따라 달라지는데 대체로 이랑 간격은 160~200cm, 포기 사이는 30~40cm로 함
  · 너무 밀식하면 아래쪽 잎이 햇빛을 충분히 받지 못하므로 동화량이 떨어져 암꽃이 빈약해지고 곡과, 곤봉과 등의 부정형과가 많이 생김
  · 반대로 너무 드물게 심으면 품질은 좋아지지만 단위 면적당 수량이 떨어지므로 재배작형과 품종특성에 따라 재식거리를 알맞게 조절함

□ 토양 관리
  ○ 오이는 뿌리가 지하 15~30cm에 주로 분포하는 천근성(淺根性) 호기성 작물로 유기물이 많고 통기성이 양호한 토양을 좋아함
  - 그러므로 퇴비를 많이 넣어 통기성과 보수성이 좋고 경토가 깊은 토양을 만드는 것이 매우 중요함

<오이 재배에 적당한 토양의 물리성 및 화학성>

· 물리성

지형	경사도	토성	토심	배수성
평탄지~곡간지	<7%	사양토~식양토	>100cm	양호~약간 양호

· 화학성

| pH(1:5) | OM(%) | Av.P_2O_5 (mg/kg) | Ex.($cmol^+$/lg) | | | CEC ($cmol^+$/lg) | EC (dS/m) |
			K	Ca	Mg		
6.0~6.5	2.0~3.0	400~500	0.7~0.8	5.0~6.0	1.5~2.0	10~15	2 이하

  · 그러나 경토가 얕은 토양에 닭똥, 돼지거름 등과 같은 미숙한 유기물을 한꺼번에 너무 많이 주면 생육 초기에 필요 이상의 질소질 성분이 흡수되어 잎만 무성하게 자라거나 축엽 현상이 발생할 수도 있음
  - 반드시 하우스 내 토양을 갈기 전 토양검정을 실시한 후 시비 처방에 따라 시비량을 결정하도록 함

☐ 정식

- ○ 촉성·반촉성재배는 시설 내에서 정식하므로 날씨에 크게 영향을 받지 않으나 가능하면 맑은 날이 계속되어 재배지의 지온이 육묘보다 1~2℃ 높을 때 정식하는 것이 활착률이 높음
- - 시설재배의 경우 가능한 한 하우스를 밀폐하여 지온을 높인 뒤 아주심기 함
- ○ 정식위치는 이랑의 모양과 유인 방법에 따라 다르며, 단위 면적당 재식 주수가 같은 경우 중앙에 한 줄로 심어서 좌우 2줄로 유인하는 것이 밀식의 피해가 적고 수량도 높음
- - 비옥한 포장에서 곁줄기 위주로 수확하고자 할 때는 이랑 폭을 줄이고 포기 사이를 늘려 이랑 중앙에 1줄로 심어 1줄로 유인하기도 함

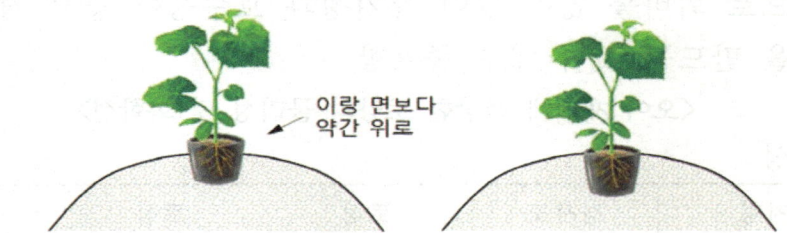

※ 정식 깊이: 너무 깊이 심게 되면 부정근이 발생됨

- ○ 오이 모종의 심는 깊이도 활착과 생육에 많은 영향을 미치며 너무 깊게 심으면 활착이 늦어지므로 포트 표면을 지면 또는 이랑면보다 다소 높게 하거나 같은 깊이로 하여 심음
- - 겨울철에는 지표면 가까이만 지온이 높으므로 너무 깊게 심으면 활착이 늦어짐
  - · 특히 주의해야 할 것은 접목 모종을 너무 깊게 심으면 접목 부분이 덩굴쪼김병 등에 걸리기 쉽고, 부정근이 발생 됨
  - · 그러므로 되도록 얕게 심는 것이 여러모로 좋고 너무 늦은 시간에 아주심기를 하면 활착이 나빠지므로 촉성·반촉성재배 방식은 늦어도 오후 3시 이전, 노지 및 조숙재배도 오후 4시 이전에 정식 작업을 끝내는 것이 좋음

▢ 오이 좋은 모종 선택 시 중요한 항목

(영농활용: 2024. 국립원예특작과학원)

○ 배경
  - 농업의 생산성을 높이기 위하여 건강한 묘를 심는 것이 중요함
  - 통계기법을 활용하여 묘소질을 객관적으로 판단할 수 있는 초석을 마련하고자 함
○ 개발된 영농기술정보
  - 계층적 분석법 활용 오이 모종 선택 시 중요한 항목 규명
    · 오이 좋은 묘 판단 시 병해충 유무, 균일도, 묘령, 초장, 경경 순으로 중요

<항목별 중요도 및 우선순위>

항목	중요도	우선순위
병해충 유무	0.3376	1
균일도	0.2043	2
묘령	0.1119	3
초장	0.0922	4
경경	0.0673	5
마디 수	0.0608	6
엽수	0.0491	7
엽색	0.0401	8
엽면적	0.0367	9

* n=21, CR=0.0107

○ 파급효과
  - (과학적) 모종의 좋고 나쁨 기준을 객관적으로, 여러 항목을 복합적으로 사용하여 제시
  - (사회적) 재배농가/가정원예 수요자 대상 묘소질의 중요성과 관리 방향 지도 근거

<오이 모종과 주요 항목>

3. 배추·무

□ 배추 수확 및 저장
  ○ 수확기 판정
   - 배추는 수확기가 늦어지면 장다리 발생, 깨씨무늬 증상, 내부 갈변 등의 발생이 심해지고 중륵이 두꺼워져 상품성이 저하되므로 적정 수확시기에 수확해야 함
   - 배추 수확기의 판정은 작기별로 파종 후 일수와 결구의 단단한 정도를 가지고 판단함
   - 저장을 위한 배추는 결구도가 80~90%로서 잎이 잘 들어차고 비교적 단단할 때가 적당함
   - 결구도가 부족한 것은 중량이 적고 잎이 들어차지 못해 저장 후 판매 시 상품성이 떨어짐
   · 이에 반해 결구도가 100%에 가까운 속이 꽉 찬 배추는 장기간 저장이 어려우므로 수확 후 빠른 시간 내 출하하는 것이 좋음
   · 배추는 재배 과정에서 관수와 시비 등에 따라 수확시기에 차이가 있어서 결구 전까지는 충분한 관수가 필요하지만, 생장 후기에는 관수를 줄여주는 것이 좋은 것으로 알려져 있음
   · 또한 과도한 질소를 시비한 배추는 병 저항성과 저장성이 떨어지므로 이를 고려해서 바로 출하할 것인지 저장할 것인지 결정하는 것이 좋음

<저장용 배추 숙도>

<수확 적기>

○ 수확시기
 - 배추는 날씨가 맑은 날에 수확 작업을 해야 함
  · 비가 와서 물기가 많이 묻어 있으면 저장 중 부패가 촉진되므로 저장용 배추는 비오는 날 수확하지 않도록 하고, 비가 많이 왔을 경우 2~3일 지난 후에 수확하는 것이 좋음
  · 또한 계절별로 수확 시간대가 상이하므로 늦봄배추와 여름배추는 기온이 낮은 새벽에 일찍 수확을 마치며, 특히 고랭지에서의 7~8월 수확은 생육기간이 짧고 수확 후의 고온이나 과습 때문에 구의 부패가 많이 생길 수 있어 수확 직후 품질 및 선도유지에 유의함
  · 가을배추는 수확 시간대가 저장성에 크게 영향을 끼치지 않지만 아주 높은 온도와 이슬이 많이 묻은 시간을 피하도록 함
  · 겨울배추는 배추 겉잎이 얼어 있거나 물기가 많을 수 있으므로 아침보다는 배추가 마르기 좋은 낮에 수확하도록 함
○ 수확 작업
 - 장기저장용 배추를 수확할 때는 벌어져 있는 겉잎 5~6매를 먼저 제거하고, 흙이 배추에 묻지 않도록 함
 - 김치 가공용 배추는 8~9개 외엽을 제거하기도 하는데 장기저장에는 적합하지 않음
 - 배추 밑부분을 칼로 절단하여 수확하는데 이때 지나치게 깊게 절단하여 여러 배춧잎이 쉽게 떨어지지 않도록 주의함

저장용 배추 외엽제거   저장용 배추 수확 후(5-6매 외엽제거)
〈저장용 배추 외엽제거 및 수확〉

8-9매 외엽 제거 　　김치 가공용 배추 수확 후(장기 저장은 적합하지 않음)

〈단기 저장 및 김치 가공용 배추 절단〉

- 수확 작업이나 밭에서 건조작업 시 플라스틱 상자나 그물망에 포장하는데, 이때 플라스틱 상자에 지나치게 많은 양의 배추를 담아 압상이 크게 나지 않도록 주의함
- 그물망도 배추 크기에 적합한 것을 사용하고 수확할 때 작업자가 깨끗한 고무장갑이나 면장갑을 끼고 1회용 위생 고무장갑을 덧대서 착용하여 작업
- 그리고 가을배추 및 겨울배추는 수확하면서 배추를 바로 포장하는 것보다 겉잎이 다소 마를 때까지 밭에 놓아두고 절단한 순서대로 포장하는 것이 좋음

수확(고무장갑 착용) 　　배추 건조 　　배추 포장

〈배추 수확 후 밭에서의 건조 및 포장〉

- 수확용 칼은 사용하는 칼이 토양에 접촉하면 미생물에 오염될 수 있으므로 이를 주의해야 함
· 칼날이 무디면 절단면 상처가 심해져 부패를 촉진할 수 있으므로 칼날을 갈아 사용
· 칼은 수확 중간에 염소수나 소금물 등에 담가서 소독

○ 저장
 - 배추 저장조건은 -5~2℃(가을배추 0℃, 월동배추 -5~0℃, 봄배추와 여름배추 0~2℃)의 온도와 상대습도 90~95%가 적합하지만, 품종 및 생육기간에 따라 차이가 있음
 - 직접 냉장 방식을 쓰는 저온저장고 내 습도는 가습을 하지 않는 한 대체로 70~80%의 낮은 상대습도이기에 배추가 쉽게 마를 수 있으므로 가능한 한 상대습도를 높게 유지하도록 함
 - 배추 저장 중 환기가 불량하면 생리장해와 부패 발생이 촉진될 수 있으므로 환기에 주의해야 함
 · 특히 호흡량이 많은 여름배추는 환기에 신경 써야 하고, 가능한 배추 저장 온도와 외부 환경과의 온도 차이가 적게 나는 시간에 환기하는 것이 좋음
 - 배추를 저온에서 장기간 저장하면 저온 때문에 배추 겉에서부터 안으로 줄기를 형성하여 흰색의 중륵이 갈색으로 나타나는 수침 증상이 발생함
 · 이러한 저온장해가 내엽 중심부까지 심하게 진행되면 상품성이 크게 낮아지지만, 겉에서부터 3~5잎까지는 출하 전 승온 처리를 통해 해결할 수 있음
 · 승온 처리는 0~1℃에서 장기 저장한 배추를 출하 전에 온도를 3~4℃로 올려 1~2일 보관하여 저온장해 증상을 없애는 것을 말함

저장 중 저온장해   승온 처리 전   승온 처리 후
〈배추 저온장해 및 승온 처리 효과〉

- 배추의 저장기간은 관행적인 방법으로는 봄배추 40~50일, 여름배추 30~40일, 가을배추 90~100일, 월동배추 80~90일임
· 그러나 수확 후 적절하게 관리를 해준다면 위의 저장기간 보다 배추의 신선도를 연장할 수 있어 봄배추는 70~80일, 여름배추 60~80일, 가을배추 120~130일, 겨울배추는 105~120일까지 저장이 가능함

<배추 재배 작형별 저장기간>

구분	봄배추(일)	여름배추(일)	가을배추(일)	겨울배추(일)
관행 저장	40~50	30~40	90~100	80~90
수확 후 관리 기술 투입	70~80	60~80	120~130	105~120

□ 무 수확 및 저장

○ 수확
 - 수확 시기는 재배지 및 생육 환경에 따라 차이가 있으므로 생육 상태 및 뿌리의 발달 정도를 반드시 확인 후 수확함
 · 대체로 20일 무는 파종 후 3~4주, 알타리무는 5~6주, 일반무는 8~14주 후에 수확하는 것이 좋음
 · 가을무는 수확기 폭이 넓으므로 시장 시세에 따라 수확함
 - 수확에 적절한 무 뿌리 무게는 대체로 가을무는 1,300~1,400g이며, 소형무는 200g 내외, 알타리무는 80~110g 임
 - 수확 방법은 무를 뽑아서 3~5개씩 묶거나 잎을 제거하고 크기별로 분류하여 수확
 · 기근이나 열근 또는 병해충을 입은 무는 따로 분류하여 무 말랭이로 이용함

○ 출하
 - 보통 낱개 또는 3~5개 단위로 묶어서 출하하지만, 규격 상품은 무를 깨끗하게 씻고 10kg 단위로 골판지 상자에 담아 출하하거나 합성수지 포대에 20kg 또는 40kg 단위로 넣어서 출하하기도 함
 · 이때 줄기는 1.5cm만 남기고 잘라내며 깨끗이 씻어야 함
 - 무는 특상(1.5kg 이상), 상(1.2~1.5kg), 중(0.8~1.2kg), 하(0.8kg 이하)의 4등급으로 분류하고 상자 또는 포대에 담아 출하함
○ 저장
 - 저장기간은 주로 호흡작용, 수분 손실에 대한 민감도 및 부패, 미생물에 대한 반응에 따라 달라짐
 - 가급적 온도, 공기순환, 상대습도 및 공기 조성의 조절이 가능한 시설에서 무를 저장하는 것이 좋음
 - 요즘은 저온 저장고가 많이 설치되어 있으므로 일부는 저온 저장고를 이용하기도 함
 - 시설 이용이 여의치 않으면 온도와 습도를 자연 상태로 하고 비와 이슬을 막을 수 있도록 지붕만 간단하게 설치한 상온 저장, 도랑 저장과 같은 보온 저장 및 움 저장 등이 많이 이용됨
 - 무 저장 적온은 0℃, 습도는 95%이며, 저장이 비교적 쉬우나 품종 간 바람들이 차이가 크므로 육질이 단단하고 바람들이가 적고 저장이 잘 되는 품종을 이용하며, 근피가 깨끗하고 너무 크지 않은 것을 골라서 저장함
 - 무 동결 온도인 -1.5℃ 이상의 얼지 않는 범위의 저온으로 유지하면서 적절한 습도를 유지하면 장기간 저장할 수 있음
 · 그러나 수확 즉시 저장하면 무의 내부 온도가 높아서 부패하거나 새순이 돋아나므로 지상에 우선 임시 저장을 하였다가 지표면이 얼기 시작할 때 움을 파고 묻거나 저장고에 저장함
 · 농가에서는 땅속 깊이 묻거나 움을 만들어 저장하면 다음 해 2~3월까지 얼지 않고 안전하게 간이 저장할 수 있음

▢ 배추 장기저장을 위한 예냉 및 MA 포장 기술 효과

(영농활용: 2024. 국립원예특작과학원)

○ 배경
 - 배추는 수급관리 품목으로 작형마다 생산이 불안정하며 가격변동이 큼
 - 특히, 여름배추 출하량 및 저장성이 짧아 9월 단경기 수급 불안 증대
  ☞ 수확 후 관리기술 적용으로 저장기간 연장 필요(현장 요구도 大)
○ 개발된 영농기술 내용
 - 배추(늦봄/여름배추) 수확후관리 패키지 기술 적용 저장성 향상
  · 수확후관리 기술: 예건/예냉 + MA 팔레트 커버 필름 + 저온저장
 - 품질 유지 효과
  · 중량감소율(증산) 억제, 경도 및 당도 유지
  · 여름배추 저장성 연장: (기존) 10일 미만 → (개선) 30일

 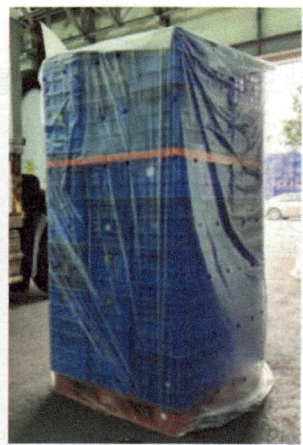 

<예냉>　　　　<MA 필름 처리>　　　　<저장>

○ 파급효과
 - 배추 수확 후 관리 기술 적용으로 안정적 수급 조절에 기여
  · 수확 후 품질관리를 통한 손실률 억제 및 저장기간 연장

Ⅱ. 과 수

1. 사 과

☐ 만생종 착색 관리
- ○ '후지' 품종의 상품성 향상을 위해서는 착색 증진기술의 실천이 매우 중요함
  - 착색이 잘 되려면 온도가 15~20℃이며, 과실이 햇빛을 충분히 받고, 토양으로부터 양·수분을 적당하게 공급받아야 함
- ○ 햇빛 투과를 좋게 하기 위해서는 웃자란 가지를 제거하여야 함
- ○ 과실의 착색을 증진하기 위해 잎 따기와 과실 돌리기는 품질에 미치는 영향이 큰 매우 중요한 작업임
- ○ 만생종 반사필름 까는 시기는 수확 예정 30일경에 실시함

☐ 수확 및 저장
- ○ 수확시기에 따라 과실 품질이 좌우되므로 수확시기 결정은 매우 중요함
  - 사과는 너무 빨리 수확하면 저장성은 좋으나 착색이 다소 불량하고 당도가 낮으며, 너무 늦게 수확하면 과실 경도가 낮아 쉽게 물러지고 생리장해 발생이 많아 저장성이 떨어짐
- ○ 수확시기는 착색된 과실이 80% 이상 나무 전체에 고루 분포할 때나, 후지 품종은 만개 후 180일에 도달하는 시기가 적기임
  - 성숙기에 기상이 서늘한 경우에는 착색이 빨라짐
- ○ 수확 후 바로 시장에 출하할 상품은 3~5일의 유통기간 동안 품질 변화를 고려하여 착색도, 육질, 식미가 충분히 발현(發現)되었을 때 수확하고, 지나치게 성숙이 진행된 과실은 유통 과정에서 품질이 저하되기 때문에 과숙되기 전에 수확하여야 함
- ○ 저장용 과실은 장기간 품질변화를 고려하여 조직감, 풍미를 수확 기준으로 삼기 어렵기 때문에, 수확기 무렵의 전분반응 지수를 수확 기준으로 이용함

- 요오드 정색반응 이용 방법은 수확 예정 4주 전에는 5~7일 간격, 수확 예정 2주 전에는 2~3일 간격으로 전분 반응을 조사하여, 전분지수와 비교해 수확시기를 판정함

<'후지' 품종 수확적기 판단 차트>

품종 \ 지수	5	4	3	2	1	0
후지						
판단	미숙	미숙	미숙	장기저장용	단기저장용	즉시판매용

○ 수확 시 주의사항
 - 수확은 성숙이 빠른 수관 상부나 햇볕이 잘 드는 바깥쪽부터 하는 것이 좋으며, 노동력이 충분하다면 몇 차례 나누어서 성숙한 것부터 하는 것이 좋음
 - 수확 시 다음 해에 필 꽃눈이 다치지 않게 조심하여 수확하고, 과실 꼭지가 빠지지 않도록 조심하여야 함
 - 수확은 될 수 있는 한 기온이 낮은 시간에 실시하며, 비가 올 때는 수확하지 않아야 함
 - 사과를 손바닥에 올려놓는 듯 가볍게 잡고 위로 들어 땀
 - 과실 꼭지가 빠지거나 부러지지 않도록 주의해야 함
 - 상자에 담을 때나 옮길 때는 압상이 생기지 않도록 조심함
 - 수확된 사과의 상자를 과수원 바닥에 놓아두면 병원균에 오염이 될 수 있으므로 토양과 접촉되지 않도록 함
○ 저장
 - 수확한 과실은 가능하면 빨리 선별을 하여 저온저장고에 넣어야 함
 - 수확한 사과를 나무 밑에 모아두고 수확이 다 끝나서야 저장고에 입고하거나, 판매 준비를 하는 경우가 있는데, 이러한 입고 지연은

저장 중 품질 저하는 물론, 껍질 덴 병, 동결 피해도 받을 위험성이 커지게 됨
- 저장고에 과실을 넣을 때, 부패 과실이 혼입되면 건전한 과실에도 부패균이나 포자가 전해져, 저장고 내 오염원이 되므로 철저히 선별한 후 저장하여야 함
- 저장고 적정 적재 용량은 최대 저장용적의 70~80% 범위로, 벽면으로부터는 20~30cm 이상, 적재 상자 최상단 높이와 천장 간에는 60cm 이상의 간격을 둠

☐ 가을거름

○ 가을거름은 과실을 수확한 후 수세를 회복시켜서 광합성작용을 높이고 저장양분의 축적을 증가시키기 위해 시비하는 것으로 주로 속효성 비료를 줌

○ 저장양분의 다소는 내한성과 직접 관계가 있을 뿐만 아니라, 다음 해 봄 발아와 생장에 좋고, 개화 및 결실에도 큰 영향을 줌
- 수확 후 주는 가을 거름은 매우 중요한 의미가 있으나, 시비량이 너무 많으면 2차 생장으로 인한 동화물질 소비와 조직 불충실을 유발하여 언 피해가 발생하기도 함
- 조생종, 중생종은 수확 후 요소를 주고, 만생종(후지)은 토양 시용 대신 10월 말에 3~5%의 요소를 엽면살포 하기도 함

<사과원에 대한 분시비율(단위: %)>

비료성분	밑거름	웃거름	가을거름
질소	60	20	20
인산	100	0	0
칼리	60	40	0

□ **가을철 꼼꼼한 과수원 관리, 이듬해 과일 품질 높여**

(보도자료: 2024.10.14. 농촌진흥청)

○ 농촌진흥청은 수확기 과일 품질을 높이는 핵심기술을 소개하고, 이듬해 농사를 좌우하는 가을철 과수원 관리에 힘써야 한다고 강조했음

△ 사과= 잎은 껍질에 색이 든(착색) 정도를 살펴 2~3회 나눠 따줘야 색이 잘 듦
 - 잎을 한 번에 많이 따면 품질이 떨어질 수 있으므로, 전체 30% 이상 따지 않도록 주의함
 - 색이 덜 든 열매는 이리저리 방향을 돌려 햇빛을 고루 받을 수 있게 함
 - 색이 일부 든 열매는 바닥에 반사필름을 깔아주면 좋은데 중생종은 수확 2주 전, 만생종은 수확 한 달 전쯤 깔아주면 햇빛 데임을 피할 수 있음

△ 배= 직접 판매용, 시장 출하용, 저장용 등 용도에 따라 수확시기를 달리함
 - 큰 열매(대과) 생산 비율을 높이려면 바깥쪽부터 한 나무당 3~5일 간격으로 2~3회 나눠 수확함
 - 이듬해 생육을 돕는 가을거름은 수확 직전에 주면 열매 품질을 떨어뜨릴 수 있음
 · 만생종은 10월 중순에 비료를 주는 것이 좋으며 비료는 비 오기 직전에 주고, 비가 오지 않으면 비료 살포 뒤 물을 충분히 공급함

△ 감귤= 열매가 커지고 당도가 오를 수 있도록 모양이 틀어지거나, 작은 열매(극소과)를 솎아줌
 - 열매 터짐(열과)을 예방하려면 토양 수분 함량이 급격히 변하지 않도록 관리함

- 토양 온도가 12도(℃) 이하로 떨어지면 뿌리의 양분 흡수 능력이 떨어지므로, 수확시기가 빠른 극조생, 조생 온주밀감은 수확 직후나 늦어도 11월 중순에는 가을 비료를 뿌려 줌
- 수확기에 색이 늦게 들거나, 껍질이 들뜨는 열매(부피과)가 많이 발생하는 과수원은 토양에 질소 성분이 많을 수 있으므로 비료량을 조절함

△ 단감= 색이 잘 들고 충분히 익은 것부터 3~4회 나눠 수확함
- 열매가 커지면서 영양분 소모로 쇠약해진 나무에는 자람새를 회복하고 양분이 충분히 저장되도록 가을거름('부유' 품종 기준: 질소 0~6kg/10a, 칼리 3~4.2kg/10a)을 줌
- 수확기 탄저병은 상품성을 떨어뜨리고 열매 떨어짐을 유발하니 비 내린 전후 탄저병을 꼼꼼히 방제함

○ 가을에 발생하는 태풍과 비 피해에 대비해 나무가 물에 잠기지 않도록 미리 주변 물길을 정비함
- 열매가 떨어지지 않도록 흔들리는 가지는 고정하고, 늘어진 가지 밑에는 받침대를 세워줌
- 강한 바람이 우려되는 지역에서는 방풍망을 설치함
- 태풍과 비가 지나간 뒤 쓰러진 나무는 즉시 세워 버팀목을 받쳐주고, 잎과 가지에 난 상처를 통해 병이 감염되지 않도록 살균제를 뿌려 줌
- 세력이 약해진 나무는 요소나 제4종 복합비료를 뿌려 세력 회복을 도움

○ 농촌진흥청 국립원예특작과학원은 "가을철 과수원 관리에 따라 이듬해 농사 성패가 갈릴 수 있으므로, 이맘때 세심한 관리가 필요하다."라며 "과수원 후기 관리 요령 자료를 영농 현장에 배포해 고품질 과일 안정 생산을 적극 지원하겠다."라고 전했음

사과원 바람 토출식 기계적엽 방법과 시기

(영농활용: 2022. 국립원예특작과학원)

○ 배경
 - 농업인구의 고령화 및 인력 감소로 사과원 농작업의 기계화 필요성 증가
  · 고령화 현상의 가속화로 농촌 내 고령 인구 비율 증가
   * 65세 농가인구 비율: ('18) 42.9% → ('28) 52.3%(농촌경제연구원)
 - 열악한 노동환경 대응 및 과실 품질 향상을 위한 기계적엽 기술 정립 필요
  · 적엽은 과실의 착색 및 품질향상을 위해 필요한 작업으로 사과원 노동력의 약 10% 차지
   * 사과 주요 작업별 노동시간: 수확 30.1(시간/10a), 열매솎기 29.9, 반사필름/잎따기 15.3
  · 기계적엽 시기 및 방법은 노동력 절감 및 품질 향상을 위해 필요

○ 개발된 영농기술정보
 - 사과 기계적엽 방법 및 적정시기

기계적엽 방법	기계 사양
<1회 처리 시> - 처리시기: 수확 전 15~20일 - 트랙터 속도: 1km/h - 토출압: 0.9bar <2회 처리 시> - 처리시기: 수확 전 15, 30일(2회) - 트랙터 속도: 1km/h - 토출압: 0.9bar	<트랙터> * 회사: Agco, 기종: Fendt 211 Vario <적엽기> 회사: REDpulse Duo 높이: 57cm ~ 121cm 작동 길이: 40cm ~ 60cm 작동 압력: 0.6 bar ~ 0.9 bar(조절 가능) 운전 속도: 1.8km/h ~ 2.5km/h 회전자 수: 2(듀오), 각 2개의 노즐 전력 수요 PTO: 60kW(81PS)

○ 파급효과
 - 과원의 농작업 기계화 및 자동화 범위 확대로 산업 경쟁력 제고
 - 사과원 농작업의 규격화, 생력화를 통한 관리노동력 절감

☐ 측정 탐침 직경에 따른 수확기 사과 과육의 경도 환산 정보 제공

(영농활용: 2024. 국립원예특작과학원)

○ 배경
 - 과육 경도는 과실의 성숙을 나타내는 지표이자 과실 품질의 중요한 요소로서 수확기가 가까워지면 측정을 통해 적숙기를 판단하거나 저장성을 평가
 - 과육 경도 측정과 관련하여 과종별 특성에 따라 탐침의 적정 규격을 제시하고 있으나, 측정자에 따라 다양한 직경의 탐침을 혼용하여 조사를 실시
 - 현재 널리 사용되고 있는 탐침의 직경은 11mm, 8mm로, 직경이 다른 경우에는 경도 수치에 대한 정확한 비교가 불가하여 조사 결과 활용에 어려움 존재
 * 과육 경도 측정은 재료 특성, 탐침 형태의 영향을 받으므로 실험을 통한 보정식 필요
○ 개발된 영농기술정보
 - 국내 주요 사과 품종인 '후지', '홍로'에 대하여 경도 측정 탐침 직경 (8mm, 11mm)에 따른 환산식을 제공 ※ A = 11mm 측정치, B = 8mm 측정치
 ・(후지, 8mm → 11mm) A = 1.3962 × B + 14.2030 (단, 20 < B < 50)
 ・(홍로, 8mm → 11mm) A = 1.5547 × B + 8.7585 (단, 25 < B < 45)

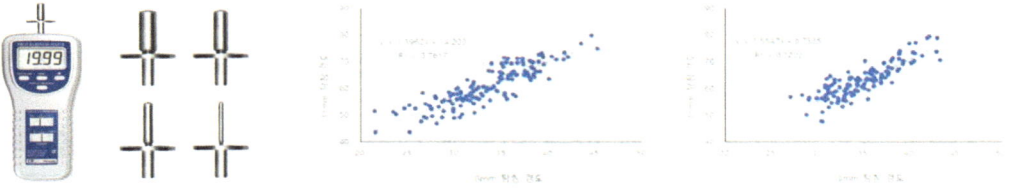

〈다양한 직경의 경도계 탐침〉 〈사과 '후지'의 탐침별 경도〉 〈사과 '홍로'의 탐침별 경도〉

○ 파급효과
 - 측정 탐침의 지름이 다른 경우에도 환산을 통해 정확한 비교 가능
 - 다양한 경도 조사 결과를 활용한 데이터 기반 과학 영농 실현에 기여

2. 배

□ 가을전정에 의한 측지 양성
  O 전정 전 과수원 관리 및 작업 도구 소독
   - 과수 화상병 예방을 위해 과수원은 청결하게 관리, 과수원 출입용 신발과 작업복은 외부 활동용과 구별하여 사용함
   - 주변 과수원 방문 자제, 전정 가위 공동 사용금지, 수시 소독
    * 소독방법: 70% 알코올에 도구를 90초 이상 담금
  O 오래된 측지에 결실된 과일은 품질이 떨어지므로 젊은 측지로 갱신하기 위해 묵은 측지를 절단하여 새로운 젊은 측지 양성
  O 10월 상순경, 톱으로 묵은 측지 아래쪽에서 위쪽을 향하여 측지 굵기의 1/2~2/3 정도를 쐐기형태(∠)로 자르면 측지 아래쪽에서 이듬해 가지가 발생되어 측지갱신이 가능해짐

(1) 쐐기형(∠)
측지 굵기의 1/2~2/3 절단,
10월 상순

(2) 관행(제거) I
측지 절단제거,
10월 상순

(3) 관행(제거) II
측지 절단제거,
2월 상순

〈측지갱신을 위한 절단방법 및 시기에 따른 신초발생 양상(신고)〉

〈측지 절단 방법과 시기에 따른 이듬해 신초 발생률 및 생육상태(신고)〉

처리방법	처리시기	신초 발생률(%)	신초 생육상태			비 고
			신초장 (cm)	기부직경 (cm)	마디수/ 신초	
쐐기형(∠)	10상	76.7	132.9	10.6	26.3	기존측지 2년간 수확 가능
관행(제거) 1	10상	68.3	152.1	11.9	26.7	이듬해 과실수확 불가
관행(제거) 2	2상	21.3	158.7	11.3	27.0	

- 또한 새로운 가지가 발생한 이후에도 기존의 측지는 2년 동안 착과시킬 수 있으므로 수량 감소 없이도 묵은 측지를 갱신할 수 있어 유리함
- 이듬해 묵은 측지 아래쪽에 발생한 가지는 기존의 측지가 뻗어 있는 쪽으로 유인하여, 예비측지로 삼고, 이 가지를 겨울 전정을 통하여 새로운 측지로 양성해 나감
- 기존 측지에는 2년간 착과시킬 수 있으며, 예비측지에 단과지가 형성되고 착과가 시작되는 해인 갱신 3년 차에 묵은 측지를 제거함
- 이처럼 가을전정을 실시하는 장점 중의 하나는 가을철에 솎아낸 가지 기부에 부정아가 움트거나 활동하기 시작하여 이듬해 신초 발아가 빨라지고 신초 생장이 양호해지기 때문임
- 가을전정 시기는 '신고' 품종은 수확 직후인 10월 상순경부터임

☐ **병해충 관리**
- ○ 9~10월이 되어 기온이 내려가거나 비가 자주 내리는 해는 검은별무늬병의 가을 병반이 신초 선단부 등에서 발생하여 이듬해 1차 감염원이 됨
- 특히 '황금배'와 '신고' 품종은 생육기 중 잎의 병반이 많은 경우 가을철 인편 감염 위험성이 높아질 수 있음
- 따라서 수확이 끝나고 낙엽되기 전에 검은별무늬병 전문 약제를 살포하는 것이 다음 해 검은별무늬병균 초기밀도를 낮출 수 있음
- 해충의 경우는 수확 후 꼬마배나무이가 월동형 성충으로 따뜻한 낮에 잎 뒷면에 모여 있는 경우가 많음
- 그러므로 관찰 후 전문 약제를 살포하는 것이 월동 성충의 밀도를 줄여주는 효과가 있음
- 가루깍지벌레는 9월 하순부터 10월 중순까지 주로 수컷 성충이 많이 발생하므로, 피해가 많은 과원에서는 꼬마배나무이와 동시에 방제하는 것이 효과적임

3. 복숭아

☐ 토양 개량

○ 물리성 개선
- 복숭아나무는 사질(沙質)이고 물 빠짐이 잘되는 경사지에 개원할 때는 하층토가 단단한 곳에서는 근군(根群)의 분포가 얕아지므로 깊이갈이(심경)을 하고 유기물을 주면 토양의 물리성이 개선되어 비료분 흡수가 증대되므로 나무가 잘 자라며, 수량이 많아지고 과실 품질도 좋아짐

○ 화학성 개선
- 화학성은 토양산도를 pH6.0 정도로 교정해야 함
- 석회 시용이 주된 방법이나 석회는 표층에 주는 것보다 전층에 주는 것이 효과를 높일 수 있음
- 석회를 줄 때 골고루 살포하지 않으면 pH가 부분적으로 높아져 미량원소 결핍증이 나타날 수도 있으므로 고루 퍼지도록 살포함
- 석회를 매년 주는 것보다 마그네슘 보충을 위하여 3년에 한 번 정도 고토(苦土)석회를 주는 것이 효과적임
- 과수용 복비를 주면 붕소는 따로 주지 않아도 됨
· 과수용 복비에 0.2~0.3% 붕소가 함유되어 있어, 토양검정을 하지 않고 관행적으로 계속 사용하거나, 2~3년마다 붕사를 따로 주면 과다 증상이 나타날 수 있음

<복숭아 과원 토양화학성 기준>

pH	유기물 (%)	유효인산 (ppm)	치환성 양이온(Cmol/kg)			붕소 (ppm)
			칼리	석회	고토	
5.5~6.0	2.5~3.0	300	0.6~0.7	5.0~7.0	1.2~1.4	0.3~0.5

☐ **과원관리**
○ 수확이 끝나는 9월이 되면 대부분의 새 가지 신장은 정지함
 - 복숭아나무는 이때부터 낙엽기(10월 하순~11월 상순경)까지 저장양분이 축적되는 시기임
 - 이 시기는 복숭아나무에 있어서 새 뿌리가 발달하고, 가지 꽃눈 등 나무가 충실해지는 시기이기도 하고, 이듬해 봄 새 뿌리 및 새 가지의 발생, 개화, 과실의 초기 생육에 필요한 저장양분을 축적하는 중요한 시기임
○ 수확이 끝나면 과수원 관리가 소홀히 되기 쉽지만, 내년의 새로운 농사를 위해 낙엽기까지 가을전정, 가을거름, 병해충 방제 등을 철저히 하여 저장양분을 축적해야 함
○ 물빠짐이 좋지 못한 과원은 토양 배수성 개선에도 신경을 써야 됨

☐ **병해충 방제**
○ 이 시기 방제는 조기 낙엽을 방지하여 저장양분 축적을 도모하기 위한 목적도 있지만, 월동 병해충의 밀도를 떨어뜨려서 다음 해 피해를 줄이기 위한 것임
○ 세균구멍병
 - 9월 하순에서 10월 상순(낙엽 초기) 4-12식 보르도액을 10일 간격으로 2~3회 살포하면 가지에 균이 침투하는 것을 막고 겨울 잠복처를 없애 병원균의 밀도를 낮출 수 있음
 - 생육기에 보르도액을 살포하면 잎에 약해가 발생하므로 너무 일찍 살포하는 것은 좋지 않으며 잎이 곧 낙엽되어 나무에 피해가 없을 때 방제하는 것이 바람직함
○ 탄저병과 세균구멍병 발생이 많았을 경우는 방제에 힘써야 함
○ 복숭아굴나방 등 주요 병해충에 대한 예방적 방제로 낙엽기까지 건전한 잎을 유지함

4. 포 도

☐ 수확 후 과원 관리
 ○ 포도 수확이 마무리되고 낙엽기에 접어들면서 과원 관리를 소홀히 할 수 있는 시기이면서 포도나무 수세 진단을 가장 정확히 할 수 있는 시기임
  - 포도나무는 생육기에 잎 등으로 수관이 덮여있어 정확하게 수세를 진단하기 쉽지 않지만, 낙엽기에는 잎이 모두 떨어져 봄부터 늦가을까지 생장한 가지를 그대로 볼 수 있어 수세를 정확히 판단할 수 있음
  - 또한 생육기 동안 병해충 발생이 심했던 과원은 낙엽 등 병해충 잔재물 등을 과원 밖으로 버리거나, 소각하는 것이 이듬해 병해충을 효율적으로 관리할 수 있음
  - 수확이 마무리되는 시기로서 외기온도가 서서히 낮아져 신초는 생육이 약해지면서 대부분 생장하지 않음
  - 포도 수확이 끝나면 지금까지 비대 및 성숙에 사용되던 양분이 뿌리, 가지 등에 저장양분으로 축적되어 수체 충실도가 향상됨
  - 양분 측면에서는 가지의 탄수화물 함량은 6~8월에 가장 낮고, 9월 중순부터 10월 하순까지 급격하게 축적됨
  - 결국 저장양분 축적량은 다가오는 겨울철 저온과 건조에 대비해 나무를 보호하고, 이듬해 화아발육과 신초의 초기 생장력을 좌우하기 때문에 저장양분을 가능하면 많이 축적하는 것이 바람직함
  - 한편 저장양분은 1년생 가지에 가장 빠르게 축적되고, 그다음 2년생, 3년생 가지 순으로 축적되므로 이 시기에 잎의 광합성을 방해하는 병해충 발생 및 잎의 손상은 나무의 주간, 주지 등과 같은 묵은 가지에 발생하는 휴면병 발생의 원인이 되기도 함

❏ 나무 자람새와 단풍
  ○ 단풍은 조생종이 만생종보다 빠른 9월 하순~10월 상순이며, 잎에서 녹색이 감소하면서 품종 특유의 아름다운 색으로 변화됨
  - 포도나무 새 가지가 늦게까지 자라면 10월에도 단풍이 들지 않고, 잎에서 만든 탄수화물을 새가지 생장에 이용한 다음, 늦가을까지 푸른색을 유지하다가 서리에 의해 말라죽음
  - 잎이 잎병과 분리되어 떨어져 엽병만 남은 나무는 성분이 정상적으로 회수되지 않아 저장양분 축적량이 적을 수 있음

❏ 저장양분의 축적
  ○ 포도나무는 낙엽과수로 발아기부터 전엽 6~7매까지는 가지 및 뿌리 등에 저장한 양분을 사용하여 생장, 발달하기 때문에 저장양분은 매우 중요한 역할을 함
  - 잎에서 만들어진 동화양분은 과실의 성숙에 사용되기 때문에 수확 이전까지는 양분을 가지 및 뿌리 등에 보낼 만큼 여유가 없음
  - 따라서 저장양분 축적은 주로 수확 이후부터 낙엽 직전까지 이루어지므로 수확 후에 잎을 잘 관리해야 함
  - 저장양분은 크게 두 가지로 구분하는데, 잎에서 만들어진 당과 뿌리로부터 흡수되는 무기 양분임
  - 당은 잎의 광합성량으로 결정되므로 수확 후에도 잎을 짙은 녹색으로 건전하게 유지해야 하며, 또한 잎이 건전하면 활발한 증산작용에 의해 뿌리에서 흡수하는 무기 양분도 잘 축적됨

❏ 간벌
  ○ 포도나무는 심을 때 초기 증수 목적으로 계획밀식(주간거리 3.0m 이내)하여 재식 4~5년 차부터 수세에 따라 간벌해야 하나, 간벌하지 않는 경우 밀식에 따른 꽃떨이현상이 발생함

- 간벌은 개화기에 꽃떨이현상 발생, 착색기 이후 신초 및 곁순의 왕성한 생장, 낙엽기에 단풍이 들지 않고 서리를 맞아 잎이 고사하는 과원에서 필요함
- 한편 씨가 없는 '샤인머스켓'은 생산을 위해 수세를 강하게 유지해야 하지만, 수세가 지나치게 강하면 착색기 이후 곁순 등이 많이 발생하게 되어 간벌이 필요함
- 간벌 시기는 수확 직후 또는 동계 전정기에 할 수 있으나, 수확 직후에 간벌하면 원가지 연장지가 약 1개월 정도 햇빛을 충분히 받을 수 있어 저장양분 축적 증가로 겨울철 저온 피해를 예방할 수 있음

○ 주지 연장지를 활용한 간벌
- 간벌수를 베어내고, 영구수에서 간벌수 방향으로 생장한 주지 끝부분 결과지를 주지 연장지로 대체함
- 주지 연장지는 수확 직후 또는 동계전정 시 수평으로 유인하면 아래쪽이 갈라지기 때문에 둥글게 유인철선에 결속한 후 이듬해 4월 상순경에 수평 유인함
- 간벌수는 주간부위를 지면에서 5㎝ 이내로 남기고 자르며, 남겨진 밑동에서 발생하는 부정아는 1~2년 정도 제거하면 거의 발생하지 않아 뿌리를 캐내는 등의 작업은 하지 않아도 됨

□ 가을거름
○ 수확 후에 속효성 거름을 시용하면 결실로 인하여 쇠약해진 나무 세력이 회복되고 광합성이 촉진되어 저장양분 축적이 많아짐
- 이는 겨울철 내한성과도 관련이 있으며, 이듬해 봄 발아, 새 가지 생장, 개화, 결실에도 큰 영향을 끼치므로 중요함
- 가을거름을 너무 많이 주면 2차 생장이 일어나 축적된 양분을 소모하므로 나무 세력이 왕성할 때는 질소비료는 주지 않으며, 때에 따라서는 요소 엽면시비로 대체하기도 함
- 시비량은 질소와 칼륨의 연간 주는 양의 10% 범위에서 조절함

☐ 포도 수출 돌파구 '품종 다변화', '저장 기간 확대'로 뚫는다

(보도자료: 2024.10.04. 농촌진흥청)

○ 우리나라 포도 수출의 95%는 '샤인머스켓'이 차지함
  - '샤인머스켓' 특성상 특정 기간(10월부터 다음 해 1월)에 물량이 몰리면서 수출이 집중되다 보니, 수출단가가 지속해서 하락하는 문제가 발생하고 있음*

    * 포도 수출량은 2020년 2,315톤에서 2023년 3,791톤으로 증가하고, 평균 수출단가는 2020년 24,206원/1kg에서, 2023년 17.290원/1kg으로 하락함

○ 이를 해결하기 위해서는 수출 품종 다양화와 저장 기간 연장을 통해 수출국과 수출 기간을 늘리는 등 다변화 정책이 요구되고 있음

○ 농촌진흥청은 특정 품종의 수출 편중을 해소하기 위해 '코코볼', '슈팅스타' 같은 신품종을 수출국별 특성에 맞게 시범 수출할 계획임
  - 아울러 맞춤형 재배 지침서(매뉴얼)를 보급해 수출 유망품종으로 자리 잡을 수 있도록 지원할 방침임
  - 10월에 수확한 포도를 다음 해 3~4월까지 저장해 수출 기간을 늘릴 수 있도록 유황 패드나 엠에이(MA) 포장재에 더해 시에이(CA) 저장 기술까지 복합 적용하는 기술을 현장에서 실증할 계획임
  - 일반적으로 포도를 유황 패드나 엠에이(MA) 포장재로 감싸 저온 저장했을 때 최대 저장 기간은 다음 해 1~2월까지임

○ 농촌진흥청 기술협력국은 "지방농촌진흥기관과 협업해 수출 품종 다변화를 뒷받침할 수 있도록 신품종을 육성하고, 수출 시기를 분산하기 위한 저장 기술 개발 등 관련 기술을 적극 지원해 포도 수출 돌파구 마련에 최선의 노력을 다하겠다."라고 밝혔음

포도 수출 동향

○ 한국산 포도 수출현황 * 자료: KATI
- 포도 수출액 상위 3개국(대만, 홍콩, 베트남) 비중이 60.0%('23년)
· 대만 수출액은 '21년 510천$에서 2023년 10,826천$로 약 20배 증가

구분	2021년 물량(톤)	2021년 금액(천$)	2022년 물량(톤)	2022년 금액(천$)	2023년 물량(톤)	2023년 금액(천$)
총계	2,053	37,271	2,004	33,247	3791	46,072
베트남	481	9,003	512	9,132	568	7,663
홍콩	508	8,924	473	7,594	670	9,132
대만	25	510	166	2,164	943	10,826

☞ 포도 수출은 증가 추세이며, '샤인머스켓' 품종 위주로 대만·홍콩 등 국가에 수출

○ 포도 품종별 재배면적 및 수출액 비중 * 자료: 한국포도수출연합
- (생산) '23년 '샤인머스켓'이 43.9%로 포도 품종 중 가장 높은 재배면적 비중 차지
· '17년 3.7%에 불과하던 '샤인머스켓' 비중이 6년간 급격히 증가

구분	샤인머스켓	캠벨얼리	거봉류	MBA	델라웨어	기타
2017년	3.7	57.9	25.7	10.3	0.5	1.9
2018년	7.4	52.7	26.6	9.4	0.6	3.2
2021년	31.4	36.8	20.9	7.5	0.4	2.9
2022년	41.4	31.7	17.3	6.5	0.4	2.8
2023년	43.9	29.3	17.0	6.3	0.4	3.1

- (수출) '샤인머스켓'이 우리나라 포도 수출의 대부분을 차지('23년 94.7%)

품종	샤인머스켓	거봉	캠벨얼리	기타	합계
수출액(천$)	35,641	1,155	880	346	38,022
비중(%)	94.7	3.0	2.3	0.9	100

* 기타: MBA, 홍주씨들리스, 레드클라렛, 골드스위트, 써니돌체 등

□ 수출농산물 농약안전사용 '정보무늬'로 빠르게 확인한다
　　　　　　　　　　　　　＜큐알(QR) 코드＞

(보도자료: 2025.3.05. 농촌진흥청)

○ 농촌진흥청은 농업인이 수출농산물 생산과정에서 정확한 농약안전사용 정보를 편리하게 확인할 수 있도록 정보무늬(큐알 코드)로 농약안전사용 지침을 제공하기 시작했다고 밝혔음

○ 최근 태국*, 대만** 등 주요 수출국에서 통관검사를 강화하면서 수출 대상국에 등록되지 않은 농약을 사용한 한국산 신선 농산물이 잔류농약 위반으로 통관 거부되는 사례가 늘고 있음

　* 태국FDA, 2025년 하반기부터 수입 과실·채소류에 대한 잔류농약 검사강화 계획 발표
　** 대만 수출 한국산 포도 통관위반 사례(2023~2024년: 23건) 증가에 따른 전수 검사 강화

○ 농약 잔류허용기준은 나라마다 다르므로, 수출 농가는 '수출농산물 농약안전사용 지침(가이드)'에 표기된 농약만을 사용하고 안전사용 기준을 철저히 준수해야 함

○ 수출농산물 농약안전사용 지침은 책자나 농업기술포털 '농사로(nongsaro.go.kr)'에서 제공하고 있지만, 농업인과 수출업체가 필요한 정보를 즉시 확인하는 데 어려움이 있었음

○ 이에 농촌진흥청은 접근 경로를 단순화하고 최신 수출 정보를 신속하게 전달하고자 정보무늬 서비스를 도입했음

○ 농업인과 수출업체는 휴대전화로 정보무늬를 찍어 접속하면 최신 개정된 지침을 신속하게 내려받을 수 있음

 - 대만, 일본 등 주요 수출국의 최근 통관 위반 사례와 규제 동향 자료도 함께 확인할 수 있음

 - 이를 통해 수출 과정에서 발생 우려가 있는 문제를 미리 파악하고 대비할 수 있게 됐음

○ 농촌진흥청은 정보무늬 활용 방법과 국가별·작물별로 84개 정보무늬를 담은 소책자 2만 부를 제작해 수출 농가, 수출업체, 관련 기관, 도 농업기술센터에 2025년 3월 배포함
○ 아울러 사용자가 더 쉽게 사용할 수 있도록 디자인을 개선하고 검색 기능을 강화해 가독성과 편의성을 개선해 나갈 계획임
○ 농촌진흥청 국립농업과학원은 "정보무늬 제공 서비스를 도입함으로써 농업인과 수출업체가 정확한 농약 안전 사용 지침을 현장에서 바로 확인할 수 있게 됐다."라며, "최신 수출 동향을 바로 확인하게 되면 수출 과정에서 발생할 수 있는 문제 파악 등이 더 수월해질 것으로 기대된다."라고 말했음

수출농산물 농약안전사용 지침 정보무늬 사용 안내

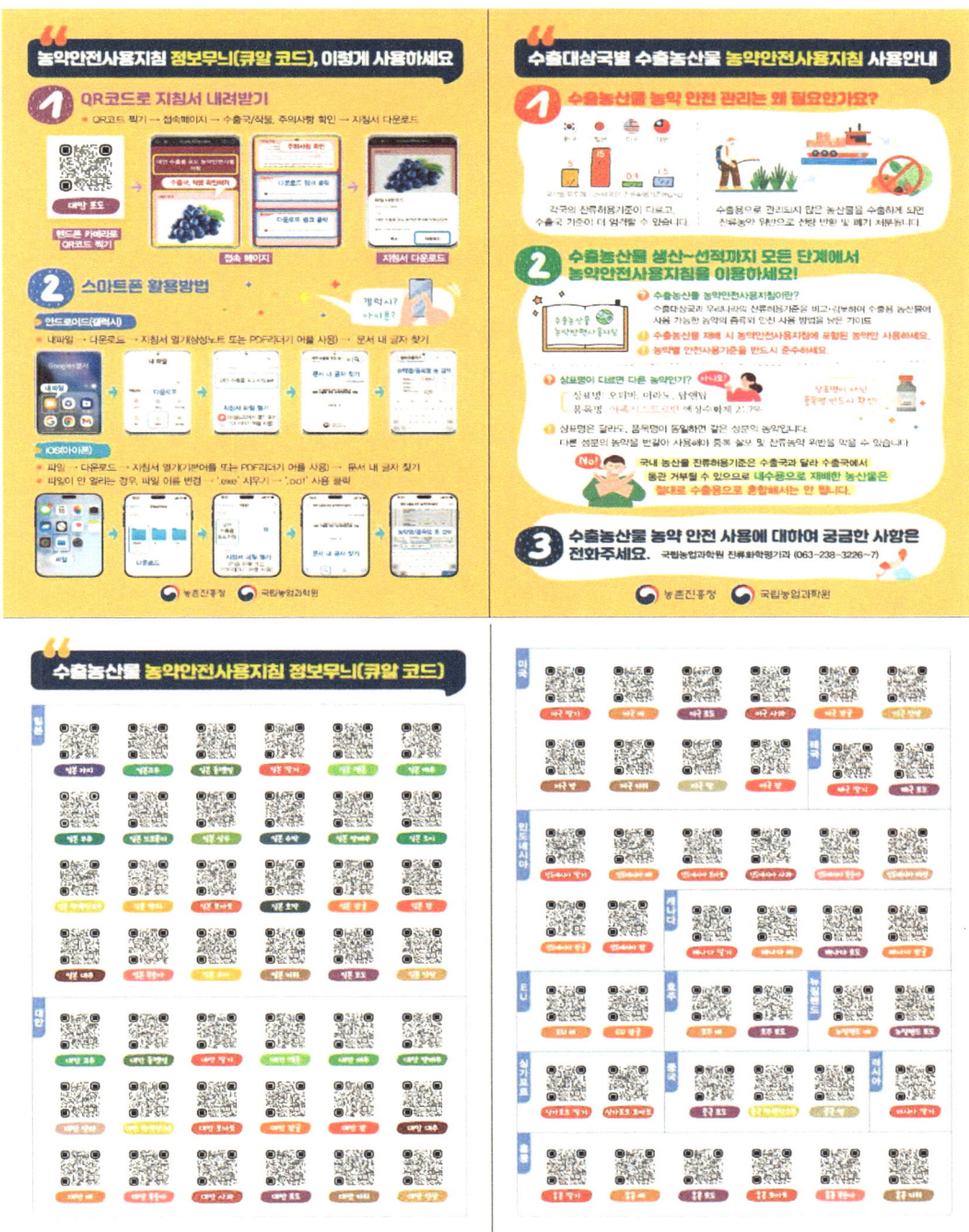

5. 감귤

□ 감귤나무 생리 생태
  ○ 상순: 조생온주 착색이 진행되고, 가을 순 신장 정지기
  ○ 중순: 과실에 양분이행 활발, 보통온주 착색시작
  ○ 하순: 조생온주 성숙, 보통온주 착색진행, 과즙에 당분 증가

□ 수상선과
  ○ 수상선과에서 선과할 때 적과할 과실은 소과, 대과, 풍상해과, 병해충과, 일소과 등 불량한 과실은 사전에 따냄
  - 나무 위에서 과실을 고르지 않고 그대로 놓아두면 수확한 과실의 선과 노력이 많이 들게 되어 비효율적이기 때문에 반드시 수상선과를 해야 함

□ 수확기 판정
  ○ 온주밀감 외관에 의한 수확 지표
  - 과실의 착색이 된 상태에 따라 수확이 이루어지며, 수확 후 바로 출하가 이루어질 때는 과실 전체 색상이 완전히 붉은 홍색으로 착색된 것을 수확해야 함
  - 저장용 감귤은 과피 표면 전체 색상이 80% 이상 붉은 홍색으로 발현되어 착색된 것을 골라 수확해야 함
  ○ 만감류 외관에 의한 수확 지표
  - 과실 전체 색상이 완전히 붉은 홍색으로 착색된 것을 수확함
  - 과숙이 이루어지면 과실 내부가 마르는 백화현상이나 과정부 주위에 원형의 열과가 발생할 우려가 있음

❏ 수확 및 저장

- ○ 완숙과 수확 지표
  - 품종 고유의 특성을 나타내고 홍등색이 잘 든 과일
  - 산 함량 1.0% 이하, 당도는 10°Bx 이상(당산비 10이상)
  - 색깔이 든 경우가 90% 이상, 과실 비중은 1.04 이상

  〈미숙과(왼쪽) 및 완숙과(오른쪽)의 모습〉

- ○ 완숙과 수확 방법
  - 우선 나무별로 구분해 거두는 방법이 있는데 이 방법은 농업인이 다년간에 걸친 수확 경험을 통해 실시하면 더욱 효율적임
  - 나무별 구분 수확 방법은 우선 빨리 다 익은 나무를 대상으로 거둠
  - 감귤을 재배하는 농가는 다년간 재배 경험을 통하여 본인의 열매 송이 특성을 알기 때문에 가장 쉽게 할 수 있을 것임
  - 또한 열매 위치별로 구분하는 방법이 있는데 이 방법은 햇볕을 잘 받는 중앙부 과실을 대상으로 우선 거두고, 대략 3차례로 나누어서 거두면 됨

- ○ 수확 작업 시 주의 사항
  - 과피가 병에 오염되거나 바람에 의해 손상된 과실(강한바람에 의해 껍질이 잎과 가지에 스쳐 상처를 입은 과일)은 수확 시 제거해야 함
  - 특히 검은점무늬병에 오염된 과실 및 풍상과는 저장 및 유통 시 다른 건전한 과실까지 부패를 유발할 수 있으므로 반드시 제거함
  - 제거 작업은 온주밀감 이외의 다른 감귤류에도 같이 적용됨
  - 과일은 수확할 때 열매가 달렸던 가지(과경지) 부위의 꼭지를 짧게 자르는 것을 원칙으로 함
  - 날카로운 과실 꼭지는 다른 과일에 상처를 유발하고, 이 상처 부위에 병원균이 침투한 과실은 저장, 유통 중에 부패과 발생의 원인이 됨

- 또한 대량으로 수확할 경우는 수확 가위 및 손톱 등으로 과피에 손상을 주는 경우가 많은데, 만감류인 부지화 품종에서 이러한 상처는 저장에 매우 치명적인 영향을 주기 때문에 주의해야 함
- 비 온 직후나 이른 아침 이슬이 있을 때는 물기가 마른 뒤 수확
 · 과피가 젖어 있으면 수분을 흡수해 팽창된 상태이므로 상처 나기 쉬움
- 반드시 장갑을 끼고, 가위로 상처가 나지 않도록 수확하기
- 열매를 딸 때 1차 열매 달렸던 가지(과경지)는 길게, 2차 마무리는 짧게 자르기(2회)

<감귤 과실 수확 요령>

○ 저장의 필요성
- 노지감귤은 10월부터 12월에 걸쳐 이루어지는데, 이때 감귤을 저장하여 출하량을 조절하고, 소비자가 원하는 시기에 신선한 과실을 공급해야만 가격 안정과 소득증대를 가져올 수 있음
- 감귤 가격은 보통 10월에 높고 11~12월에는 가격이 낮으며 1~2월에는 약간 높게 형성됨
- 노동력 분산뿐만 아니라 소득 면에서도 저장이 필요하나, 저장 여부와 저장량은 수확할 때 생산량, 소비동향 등을 판단한 후 결정하는 것이 바람직함

□ 가을전정
○ 인건비가 상승하고 노동력 확보가 어렵지만, 해거리를 줄이려면 반드시 가을전정이 필요함

- 가을전정은 내년 4~5월에 충실한 봄 순을 확보하여 내후년에 열매를 달기 위해 실시함
  - 10월 상·중순에 열매가 적게 달려 여름 순, 가을 순 발생이 많아 내년에 착화량이 많을 것으로 예상되는 나무와 가을 순이 많이 발생하여 나무 내부로 햇빛의 통과가 어려운 나무를 대상으로 함
  - 도장지는 제거하고 전정량은 나무 당 20% 이내가 좋음

☐ 가을거름
  ○ 가을거름은 겨울철 동해 위험성을 줄이는 데 기여하고 과실을 수확한 다음, 나무 세력을 회복하고 저장양분을 축적하여 다음 해 착화와 새순이 자라는 데 매우 중요함
  - 지온이 12℃ 이하로 되면 세근의 양분 흡수는 급격히 떨어지기 때문에 극조생온주밀감과 조생온주밀감(늦어도 11월 중순)은 수확 직후 가을비료를 주어야 함
  - 토양수분 스트레스가 강하거나, 착과량이 많아서 수세가 많이 약해진 경우는 빠른 수세 회복을 위해 요소 엽면시비함
  - 수확시기가 늦고 토양이 건조하고 지온이 낮으면 액비 형태로 관주하는 것이 유리함
  - 수확기에 착색이 늦거나, 부피과가 많이 발생하는 감귤원 등은 토양에 질소 성분이 많을 수 있으므로 시비량을 줄여야 함
  - 토양피복재배 포장은 시비량을 늘리고 관수하여 나무 세력을 빨리 회복시킴

☐ 태풍, 집중호우 등 대비
  ○ 시설재배는 태풍, 집중호우, 돌풍 등 기상재해에 대비하여 시설물 버팀줄, 비닐 고정끈, 개폐시설 전기시설 등을 사전 점검하여 피해를 최소화함
  - 빗물이 유입되지 않도록 하우스 주변 배수로를 정비함

□ 감귤 시설 재배 시 과습에 의한 과피 장해 증상

(영농활용: 2024. 국립원예특작과학원)

○ 배경
- 만감류 착색기(10월 전후) 해충 피해 유사한 과피 이상 증상 발생
- 빈번한 여름철 고온으로 상부 관수 농가가 많음
- 일부 지표 관수 시설이 없는 농가에서는 계속 상부 관수하고 있음
- 녹응애, 총채벌레 등에 의한 피해와 유사하여 농약 살포가 많아질 수 있음
- 생리적 과피의 갈변 원인을 제시하여 농가 지도에 활용하고자 함

○ 개발된 영농기술정보
- 과피장해 피해 발생 조건
 · 지속적인 상부관수 시 발생, 특히 공중습도 높은 해에 발생량 증가
- 과습 피해 방지 대책
 · 개화기 이후 상부관수 자제, 상부관수를 지면 관수 및 점적호스로 전환
 · 공기 순환 팬 설치, 주변 환기 방해물 제거
 · 영양제의 엽면살포는 토양 관주로 전환
 · 고온 시 상부살수 시간 될 수 있으면 줄이도록 함

〈과피 과습피해 증상 1〉 〈과피 과습피해 증상 2〉 〈균열 확대 사진(유포 파괴)〉

○ 파급효과
- 연구·지도 기관의 농가 민원 시 정확한 컨설팅 → 농약 오남용 방지
- 교육을 통한 상부관수의 문제점 제시 및 개선 → 농가 피해 사전 방지
- 향후 시설 내 고온일 때 지속적인 살수 시 발생할 수 있는 피해 사전 인지
 * 특히, 무인방제기(미세살수)의 장기적 살수 방법의 문제점 제시

6. 단감

□ 수확

O 단감 주요 품종별 숙기

품종	개화 후 성숙 소요 일수	성숙기	과실무게(g)	당도(°Bx)
서촌조생	120	9월 하순	200	15.0
상서조생	130~140	10월 상순	220~260	15.0
차랑	150	10월 하순	210~250	16.0
부유	155~160	10월 하순~11월 상순	210~220	15.0~16.0

O 서리피해 염려가 없다면 수확시기를 늦출수록 과실의 착색과 비대가 좋아 품질이 양호해짐
 - 수확을 늦출수록 꼭지들림과 발생이 심한 과수원이 있는데 토양 수분의 변화가 심하거나 착과량 부족이 원인인 경우가 많음
 - 이러한 과수원은 꼭지들림이 발생하기 전 적기에 수확
 - 수확 직전 계속 관수하면 과실 비대는 촉진되지만 착색과 당도가 나빠지고 열과, 꼭지들림과 발생도 많아짐
O 된서리를 맞은 단감은 저장 중 쉽게 연화되므로 빨리 출하하도록 함

　　〈서리피해 과실〉　　　　　　〈서리피해 과원〉

O 안개나 강우로 인해 과실 표면에 수분이 맺혔을 때 수확한 과실은 맑은 날 수확하여 저장한 과실보다 흑변이 많이 발생하므로 과실 표면에 수분이 있을 때는 수확하지 않는 것이 좋음
O 지나치게 완숙한 단감은 저장력이 떨어지므로 장기저장용 단감은 완숙되기 전에 육질이 단단한 과실이 좋음

- 미숙한 과실은 완숙된 과실에 비하여 호흡량이 많아 저장 중에 갈변과나 얼룩과가 되기 쉽고, 당도가 떨어져 소비자의 신뢰를 잃을 수 있으므로 저장용 단감일지라도 적당히 완숙된 과실이 유리함
○ 성숙기에 토양수분이 부족하면 과실비대가 적어지고 수확기까지 과다하면 과실은 커지나 성숙이 늦어져 당도와 착색이 불량해짐
- 성숙기에 과원 내 습도가 높으면 흑변과 발생이 많아지므로 수확 전 15~20일부터는 토양수분을 줄이는 노력이 필요함
○ 수확기 판정
- 단감 수확은 품종 고유 색깔로 착색되어 당도가 충분한, 완숙된 것부터 3~4회 나누어 수확함
- 수확시기는 과피색, 당도, 크기, 경도 등을 고려하여 결정함
- 수확기 무렵에 비대와 착색이 급속도로 진행되므로 수확기를 판정하는 것이 무엇보다 중요함
- 우리나라에서 주로 재배되는 '부유' 품종은 열매 주두부(과정부), 열매 꼭지부, 적도부의 색깔 정도를 구분할 수 있음
- '부유' 품종은 과실의 적도 부위가 단감 색도계의 4 이상으로 착색되었을 때 수확함

〈단감 색상 발달단계와 단감 색도계〉

※ 컬러차트 사용 방법: 단감은 품종에 따라 착색되는 정도가 다르므로 본 색도계는 '부유'와 '차랑' 품종에 적용되며, 측정 부위는 과실 적도 부위 3곳을 조사하여 평균으로 색도가 4 이상일 때 수확하는 것을 권장하며 색도계 보관 시 직사광선에 노출되어 색이 변색되는 것을 방지해야 함

<단감 부유 품종 성숙도 판정 지표>

색 도	당 도(°Bx)	경 도(N/5mm)
3.5	13.7	23.1
4.0	14.5	22.4
5.0	15.5	21.7
6.0	16.2	20.2
7.0	17.7	15.7

○ 출하 목적에 적합한 수확기 판정
 - 수확시기가 너무 빠르면 경도는 높으나 크기가 작고 맛이 나쁨
 - 수확시기가 늦으면 착색과 당도는 증가하나, 경도가 낮아 유통 중 쉽게 무름
 - '부유' 품종을 생과로 출하하는 경우 칼라차트 색도가 과정부(주두부 6.0, 과저부(꼭지부) 5.0(등황색) 정도이면 완숙 과실의 품질을 낼 수 있음
 - '부유' 품종을 저장할 때는 수확기를 앞당겨 칼라차트 색도가 과정부 5.0, 꼭지부 4.0 정도에 수확하여 저장
 - 우리나라는 서리가 11월 중순 이후 내리는 지역을 제외하고는 완숙기까지 도달하기가 어려우므로 남부지방 단감 주산지에서는 색도가 과정부 5.0, 과정부 4.0 이상이면 '부유'의 수확기로 판단함
 ※ 기상조건과 지역에 따라 다르나 이때는 대개 11월 상순경에 해당
○ 중생종 수확
 - '로망'은 10월 중순경 수확하는 품종으로 과실 크기는 185g 내외의 중과종이며, 당도는 18.6°Bx의 고당도로 맛이 우수하고, 유연한 육질과 과즙 풍부한 고품질 완전 단감임
 - '상서조생'은 10월 상순경 수확하는 품종으로 남부지방 기준 10월 9일경부터 출하할 수 있으며, 과실 크기는 220~260g으로 대과종이고, 모양은 편원형으로 과실이 편평한 것이 특징임

- '태추'는 10월 중순경 수확하는 품종으로 '부유'보다 숙기가 빠른 중생종 품종이며, 과실 크기는 대과로 평균 380g 정도이고 육질은 '부유'와 같이 치밀하나, 과즙은 '부유'보다 많고, 당도는 17°Bx 정도로 '부유'보다 1~2°Bx 정도 높음

O 수확방법
- 수확 가위를 이용하여 과실을 하나하나 따는 것이 바람직함
- 수확 시 부주의한 취급은 저장력에 크게 영향을 미치므로 꼭지나 주두에 의한 상처가 나지 않도록 짧게 잘라 주어야 함
- 운반 시 플라스틱 컨테이너와 같이 단단한 용기를 사용하거나, 또는 모노레일로 운반 작업을 할 때 진동이나 충격에 의한 과실의 압상이 우려되므로 특히 운반에 주의해야 함
- 그 외 태풍피해로 낙엽이 20% 이상인 과원이나, 병충해 피해를 심하게 받은 과원의 과실이나 재배 중에 탄저병 등 병해를 입은 과수원의 과실은 저장력이 약하므로 장기저장을 피하는 것이 좋음

☐ 예건
O 수확 후 과실의 호흡작용을 안정시키고, 1~2% 정도의 감량이 생기는 만큼 예건하면 과피가 탄력이 생겨 상처 발생이 적고, 과피의 수분을 제거하므로 곰팡이와 과피흑변의 발생을 줄일 뿐 아니라, 저장 중 발생하는 주요 생리장해인 갈변과의 발생을 억제할 수 있음
- 예건 기간은 상온에서 3일 정도가 적당하며, 강우량이 성숙기까지 많거나 미숙 과실은 4~6일 정도 예건을 실시해야 함

<예건기간과 생리장해과 발생률의 관계>

(품종: 부유)

예건일수(일)	생리장해과 발생률(%)				
	저장 후 30일	60일	90일	120일	150일
~ 6일 까지	0	3.8	7.5	7.5	7.5
3	0	2.6	4.0	4.0	13.0
0	8.5	12.8	17.0	20.0	24.0

○ 예건 기간과 갈변과 발생률 관계를 보면 6일 정도 음건 저장한 과실은 저장 150일 후 7.5%의 갈변과 발생률을 나타냈지만, 수확 직후 저장한 과실은 저장 30일 후부터 갈변과가 나타나기 시작했으며 저장 150일 후 24%의 발생률을 보였음
 - 처리시간이 길수록 갈변 및 얼룩과의 발생은 감소하고, 건전과율이 높았음
 - 적당한 예건은 갈변과의 발생을 억제할 뿐 아니라 저장력이 약한 과실을 골라내는 효과도 있음
 - 그러나 지나치게 오랫동안 과실을 상온에 방치하면 흑변과, 연화과 등의 발생이 많고 또 중량감소로 손실이 발생 되므로 6일 이상 예건은 피하는 것이 좋음
 - 예건 중 강우가 있거나, 일교차가 심하면 외기온과 과실의 온도차로 과실 표면에 수분이 응결되어 과피흑변이 심하게 발생함
 - 예건장소는 통풍이 잘되고 온도변화가 적은 상온저장고를 활용해야하며 수확된 과실을 노지에 방치하거나, 습도가 높은 곡간지의 창고에서 예건을 실시하지 않아야 함

<예건작업>

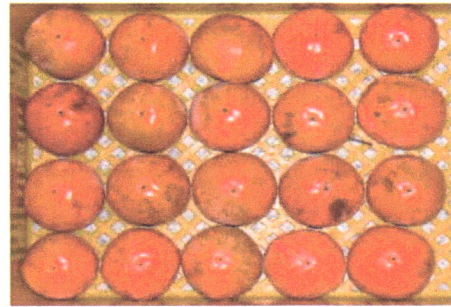
<예건 중 발생하는 장해(과피흑변)>

□ 예냉
○ 신선 농산물은 수확 후에도 호흡작용을 계속하며, 이로 인한 영양성분 감소나 품질 저하가 일어남
 - 따라서 신선도를 유지하려면 수확 후 빨리 과실의 품온(내부온도)을 낮추어 호흡작용을 억제할 필요가 있으며, 이를 위한 방법이 예냉임

- 단감에서 저온처리는 수확 후에 빠른 온도 저하에 의해 호흡량을 떨어뜨려 품질을 유지하는 예냉 효과와 0℃에서 20일 이상 유지하여 저장 중에 발생하는 생리장해를 경감시키는 효과가 있음
- 저온저장 중 생리장해과 발생량을 줄이고, 과실 표면 이슬 맺힘 현상이 현저히 줄어들어 수분에 의한 흑점, 부패 등 2차 피해 과실 발생도 줄일 수 있음
- 저온처리 시 단감의 품온 반감시간은 50분 정도이고, 목표 온도까지 떨어지는데 약 6~8시간이 소요됨
- 저온처리 방법은 0℃에서 20일간 실시하는 것이 적당하며, 온도가 높으면 품질을 유지하기 위하여 저온처리 기간이 짧아져야 함
- 단감은 5℃에서 저온장해에 의한 품질 저하가 가장 심하므로 저온처리 온도를 5℃ 이상으로 하는 것은 피해야 함
- 또한 저온을 만난 단감은 상온 유통 시에 급격히 연화되는 저온장해가 발생하므로 이를 방지하기 위하여 반드시 저밀도 폴리에틸렌 필름으로 밀봉 포장하여 출하해야 함

〈예건 처리 후 저장〉　　　　〈예냉 처리 후 저장〉

〈단감 '부유' 품종의 예냉처리 기간별 저장 120일 후 장해과 발생률〉

(단위: %)

처리온도 (℃)	처리기간 (일)	갈변 및 얼룩과	연화과	흑변 및 곰팡이	건전과
0	1	68.8	4.2	18.8	16.7
	5	58.8	0.0	17.6	38.2
	10	38.1	7.1	19.0	35.7
	23	3.6	0.0	18.2	78.2

☐ 선과

○ 선과방법
- 수확된 단감은 예냉, 예건처리 후에 이병과, 기형과, 상처과, 생리장해과 등을 골라내고, 색도와 무게별로 구분하여 바로 시장에 출하하거나 저장하게 됨
- 장기저장을 위한 단감은 중간 정도 크기의 과숙되거나 미숙하지 않은 과실이 저장력이 크므로 유의해서 선별해야 하며, 특히 수확 시에 조금이라도 상처가 발생한 과실은 저장 중 흑점이나 곰팡이 발생으로 연화나 부패하기 쉬우므로 즉시 출하하도록 해야 함

○ 선과시설
- 기계식 선과기의 종류는 중량식, 형상식, 색채 선과기 등이 있으나, 대부분 농가에서는 중량식 선과기를 이용하고 있음
- 최근 일부에서 비파괴 당도 분석에 많은 관심을 보이고 있으나, 아직 우리나라에서는 단감에서 비파괴당도분석기가 실용화되지 않고 있음
- 이는 단감의 당도가 부위별로 차이가 크고, 큰 씨가 불균일하게 분포되어 있어 비파괴로는 당도 분석이 어렵기 때문임
- 일본에서는 과색에 따라 과실의 등급을 나누는 색차 선과작업을 수행하고 있음
- 이는 단감 당도가 과색과 밀접한 관련이 있어 비파괴 당도분석을 대신할 수 있기 때문임
- 앞으로 당도, 색도, 형상, 중량 등의 품질을 종합적으로 고려한 비파괴 선과기술의 개발과 실용화가 필요함

〈선과작업〉

□ "아삭, 쫀득 감 잡았어~" 이색 단감으로 경쟁력 키운다

(보도자료: 2024.11.13. 농촌진흥청)

○ 농촌진흥청은 매력적인 맛과 식감을 지닌 우리 단감 대표 품종을 소개하며, 소비자 입맛과 농가 요구에 부응해 산업 경쟁력을 키워 나갈 계획이라고 밝혔음
○ 기후변화에 따른 국내 주요 과일 재배지 전망을 보면, 단감은 내륙 지역에서 재배면적이 지속해서 늘 것으로 예상함*
  - 이에 대응하려면 품종 다양화가 필요하지만, 현재는 특정 품종 편중 현상이 심함
   ∙ 실제, 우리나라 재배 단감의 79%는 일본에서 도입된 '부유'임
   * 2070년대까지 고품질 재배가 가능한 재배 적지 등 총 재배 가능지가 증가하고 재배 한계선도 상승하며, 산간 지역을 제외한 중부내륙 전역으로 재배지가 확대될 전망(2022, 농촌진흥청)

〈감풍〉　　　　　　　　〈봉황〉

○ 농촌진흥청은 이러한 문제를 해결하기 위해 도입 품종과 차별화할 수 있는 다양한 국산 단감 품종을 개발, 보급에 힘쓰고 있다. 대표적인 것이 '감풍', '봉황'임
  - '단감 산업의 새바람'을 일으켜 달라는 뜻을 담아 이름 붙인 '감풍'(2013년 육성)은 기존 '부유'에서는 느낄 수 없는 아삭함과 부드러움을 동시에 지니고 있음
   ∙ 당도는 15브릭스 내외이고 배처럼 과즙이 풍부함
   ∙ 특히 열매 무게가 410g 정도로 일반 단감보다 2배 가까이 커 열매 수확 개수가 같아도 더 많은 생산량을 확보할 수 있음

- 농가에서 좋은 반응을 얻고 있는 '감풍'은 2023년 기준 우리나라 개발 품종 가운데 제일 넓은 면적인 354헥타르(ha)에서 재배되고 있음
- '노란빛의 봉우리'란 뜻의 '봉황'(2019년 육성)은 달걀처럼 뾰족하게 생긴 단감으로 열매 모양에서부터 기존 품종과 차별화됨
- 과육이 아삭아삭하고 연하며, 껍질이 얇아 그대로 먹기에 좋음
- 열매 무게는 250~300g, 당도는 16브릭스 내외임
- '봉황'은 단감으로 먹어도 좋지만, 좀 더 무른 뒤(연화) 먹으면 당도가 1~2브릭스 오름
- 특히, 연화된 뒤의 식감이 기존 단감처럼 무르지 않고 젤리처럼 말랑하면서도 탱글탱글해져 더욱 맛있게 즐길 수 있음

○ 농촌진흥청은 단감 '감풍'과 '봉황' 등을 빠르게 보급하기 위해 2021년부터 경북, 전북, 전남 3개 지역에서 신품종 이용 촉진 사업*을 진행하고 있음
- 2022년부터는 순천, 진주, 창원 등 7개 지역에서 주산지 현장 연구**를 추진하고 있음
- 또한, 2024년은 창원, 고흥, 영암 3개 주산지와 '감풍' 전문 재배단지 조성을 위한 업무협약을 체결했음

  * 신품종이용촉진사업: 품종('감풍', '봉황' 등), 지역(경북, 전북, 전남)
  ** 주산지 현장 연구: 품종('감풍', '봉황' 등), 지역(순천, 진주, 창원 등 7지역)

○ 신품종 보급 사업이 호응을 얻고 맞춤형 재배 기술이 투입된 전문 재배단지 조성이 완료되면 안정적인 품종 보급과 고품질화로 농가 수익 증진은 물론, 국산 단감의 생산 기반 확대에 보탬이 될 것으로 기대함

○ 농촌진흥청 국립원예특작과학원은 "단감 산업 발전의 필수 요소는 △우수한 품질 △기존 단감과는 다른 새로움 △기능성 강화 △수확기 확대 △병 저항성이다."라며 "앞으로도 소비자가 즐겨 먹고, 농가 선호도가 높은 품종의 보급을 확대함으로써 우리 단감 산업의 경쟁력을 키워나가겠다."라고 전했음

국내 육성 단감 주요 품종 특성

품종명	과실모양	주요 특성
감 풍 (Gampung) ■ 무게: 410g ■ 당도: 14.7° Bx ■ 숙기: 10월 중하순	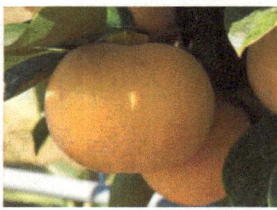	•육성 연도: 2013 •주요 특성 - 과실이 매우 크고 식미가 우수함 - 꼭지들림, 미세균열 등 생리장해 발생이 적음
봉 황 (Bongwhang) ■ 무게: 250g ■ 당도: 16.3° Bx ■ 숙기: 10월 중하순		•육성 연도: 2019 •주요 특성 - 과실의 모양이 독특함 - 생과 및 연시로 이용 가능함 - 껍질이 얇아 껍질째 먹기 편리함
단 홍 (Danhong) ■ 무게: 200g ■ 당도: 16.5° Bx ■ 숙기: 10월 중순		•육성 연도: 2020 •주요 특성 - 난형(계란형)의 소과종 - 생과 및 연시로 이용 가능함 - 저장성이 우수함
진 홍 (Jinhong) ■ 무게: 330g ■ 당도: 16.5° Bx ■ 숙기: 10월 하순		•육성 연도: 2022 •주요 특성 - 껍질이 얇아 껍질째 먹기 편리함 - 카로티노이드 성분이 풍부한 고기능성 품종 : 과피 내 베타카로틴, 베타크립토잔틴 풍부
연 수 (Yeonsu) ■ 무게: 235g ■ 당도: 17.0° Bx ■ 숙기: 10월 중순		•육성 연도: 2016년 •주요 특성 - 껍질째 먹을 수 있는 완전단감 - 당도가 높고, 과육이 부드럽고 과즙이 풍부

국내 육성 단감 품종의 보급 성과

○ 기술이전 (완전단감)

연도	업체수	건수	품종수	품종
2014	1	1	1	감풍
2015	6	11	2	감풍, 조완
2016	14	56	4	감풍, 조완, 원미, 로망
2017	24	31	5	감풍, 조완, 원미, 로망, 원추
2018	16	27	5	감풍, 조완, 원미, 원추, 연수
2019	21	44	7	감풍, 조완, 원미, 원추, 연수, 판타지, 스위트폴리
2020	12	30	5	원미, 원추, 연수, 감풍, 봉황, 판타지, 스위트폴리
2021	24	41	10	원추, 원미, 감풍, 조완, 연수, 올플레쉬, 봉황, 단홍, 판타지, 스위트폴리
2022	5	10	6	감풍, 조완, 봉황, 원추, 연수, 단홍
2023	14	37	8	감풍, 원추, 연수, 원미, 조완, 스위트폴리, 봉황, 진홍

○ 보급성과

- 단감 신품종 보급 확대를 위한 중앙·지자체 시범사업 추진('17~'19년)

  ✓ 사업 목표: 국내 육성 품종 보급률 향상, 우수성 홍보 및 신속한 보급·전파
  ✓ 보급 성과: 재배면적 확대 1.5ha('15년) → 210.8ha('20년)

사업명	대상품종	사업내용	시범요인 만족도(%)
과수 국내육성품종 보급 시범('17~'18)	'조완', '원미' 등 4품종	3개 시군(63.7ha): 순천, 장성, 창원 (개소당 200백만원, 5ha 내외)	91.9
과수 국내육성품종 보급 시범('19)	'조완', '원미' 등 4품종	7개 시군(67.9ha): 창원, 진주 등 (개소당 150백만원, 2ha 내외)	89.5
과수 국내육성 신품종 비교전시포('19~)	'조완', '원미' 등 6품종	2개 시군(0.7ha): 장성, 울산 (개소당 70백만원, 0.3ha 내외)	87.6
소비선호형 우리품종 단지조성 시범('19~)	'연수' 1품종	1개 시군(5.5ha): 순천 (개소당 200백만원, 3ha 내외)	87.7

* 농촌진흥청, 시범사업추진보고서

- 단감 신품종 이용촉진사업('21~'24년)
• 선정지역: 전남(배연구센터), 전북(농업기술원, 정읍), 경북(상주감연구소, 청도), 경남(단감연구소)
* ('24) 1단계 사업 마무리 → ('25~) 2단계 사업 계속 추진 예정
- 단감 신품종 '감풍' 보급사업 추진 및 재배면적 확대('24년~)
• 단감 신품종 '감풍' 보급 확대를 위한 업무협약(MOU) 체결
* 단감 신품종 '감풍' 생산단지 조성(영암군, '24.10.)
* 단감 신품종 '감풍' 전문수출단지 조성(고흥군, '24.6.)
* 단감 신품종 '감풍' 전문생산단지 조성(창원시, '24.2.)

• 주산지 지자체 자체 보급사업 추진: 구례군, 곡성군, 순천시 등
• 주산지 및 초기 '감풍' 재배 지역을 중심으로 재배면적이 확대되고 있음

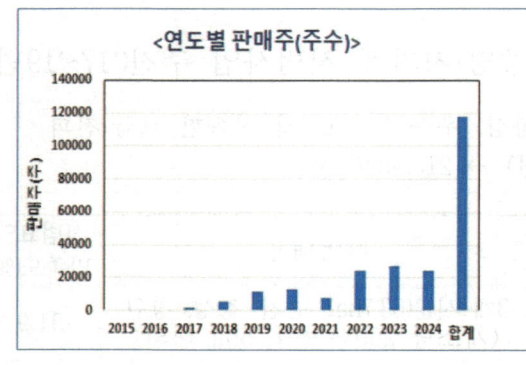 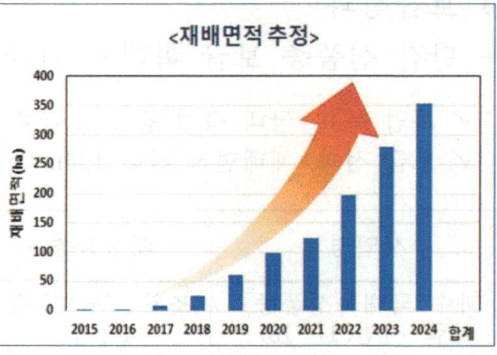

<'감풍' 묘목 판매 주(그루) 수와 재배면적 추정치>

○ 향후전망
- 소비트렌드 변화로 식미가 우수한 단감 품종의 재배 증가 추세
• 기존 '부유', '차랑', '서촌조생'의 재배면적은 감소하는 반면, 식미가 우수한 '태추'를 비롯한 신품종 재배면적은 매년 증가 추세

- '감풍', '봉황'은 소비자들이 선호하는 크기, 식미의 과실로 소비증가 예상
• '감풍', '봉황' 등 신품종은 과즙이 많고 과육이 부드러우며 식감이 아삭함
• 주로 후식용으로 구입, 소비되는 형태를 보여 맛이 우선시 됨
 * 구매 시 고려사항: 맛(53.6%) > 섭취용이성(20.1) > 가격(9.8) > 품종다양성(9.2) > 건강기능성(5.3) > 기타(2.0)

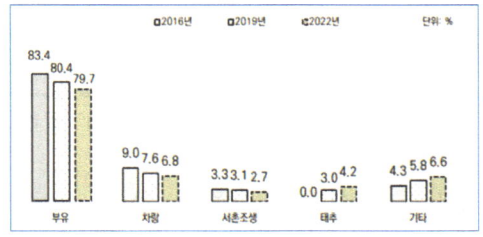 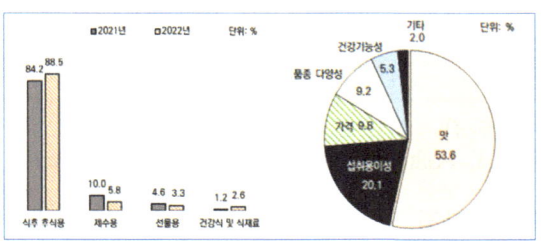

<출처: 농업전망, 2023>

단감 재배지 변동 예측 지도

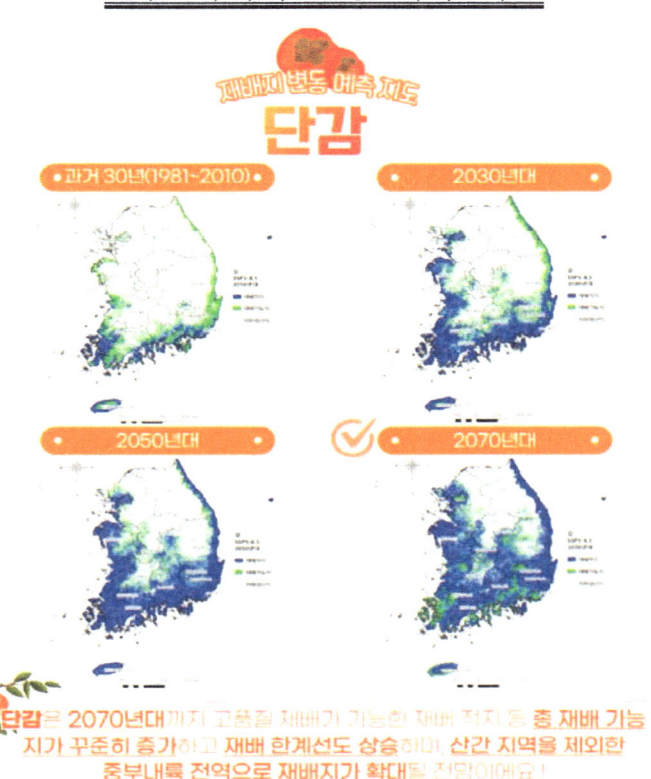

단감은 2070년대까지 고품질 재배가 가능한 재배 적지 등 중 재배 가능지가 꾸준히 증가하고 재배 한계선도 상승하여, 산간 지역을 제외한 중부내륙 전역으로 재배지가 확대될 전망이에요!

✓ 단감과 떫은감, 완전단감과 불완전단감의 차이는?

- 감은 크게 떫은맛 유무에 따라 단감과 떫은감으로 분류하고, 과육의 색깔에 따라 완전, 불완전으로 다시 구분, 이러한 생리적 특성에 따라 감은 완전단감, 불완전단감, 불완전떫은감, 완전떫은감의 4가지로 분류할 수 있음

분류	특징
완전단감 (PCNA, Pollination Constant Non-Astringent)	종자 유무와 상관없이 과육색이 변하지 않으면서 단감이 되는 것
불완전단감 (PVNA, Pollination Variant Non-Astringent)	종자가 형성되고 주위의 과육 내 갈색 내지 검은색의 반점이 생겨야 단감이 되는 것
완전떫은감 (PCA, Pollination Constant Astringent)	종자 유무와 상관없이 과육색이 변하지 않고 항상 떫은맛이 있는 감
불완전떫은감 (PVA, Pollination Variant Astringent)	종자가 형성되고 주위의 과육 내 갈색 내지 검은색의 반점이 생기며 떫은맛이 있는 감

- 불완전단감의 경우 과실에 종자가 없으면 과육색이 변하지 않고 떫은감이 되기 때문에 반드시 종자가 있어야 함

✓ 국내에서 '부유' 편중 재배가 심한 이유는?

- 국내에 단감이 도입되기 이전에 감은 야산에 자생하거나 집안의 뒤뜰에 한 그루씩 자라는 수준이었고 떫은 감이 전부였으나, 일본에서 '부유'가 도입되면서 상업적으로 단감 재배를 시작, 소비자가 떫은맛을 없애기 위한 탈삽이나 홍시를 만들지 않고도 감을 쉽게 먹을 수 있게 되며 소비가 증가, 재배도 확대되게 되었음. 당시에는 재배할 수 있는 품종이 한정돼 '부유' 편중 재배가 심해짐

- 현재 우리나라에서 '부유'는 전체 단감 재배면적의 78% 차지, 1960년대에 처음 도입되었을 당시 '부유'는 경남지역에서, '차랑'은 전남지역에서 주로 재배함. 이후 1990년대에 일본에서 육성된 '태추', '조추' 등이 새로 도입되어 재배면적이 증가하고 있음

✓ 단감 품종 개발 및 기존 품종 대체가 지연된 이유는?

- 농촌진흥청에서 감 연구는 1997년에 교배육종을 일시 진행했다가 2007년 배연구센터에 감연구실이 신설되면서 품종 육성, 재배 연구를 본격적으로 시작하였음
· 이후 2008년, 최초의 완전단감 '로망'을 시작으로 완전단감 9품종, 불완전단감 2품종, 수분수용 떫은감 2품종 등 총 13품종을 육성하였고, 2014년부터 완전단감을 중심으로 보급하고 있음
- 새로운 품종의 보급이 빠르게 진전되지 않는 이유는 크게 네 가지로 요약할 수 있음
· 첫째, 과수의 갱신 주기가 약 20~30년이므로, 갱신 주기가 도래한 과원 위주로 새로운 품종에 관심을 갖기 때문에 품종 보급 시간이 채소, 화훼에 비해서 매우 길 수밖에 없음. 반면, 주 품종으로 한 번 자리를 잡으면 50년 이상은 재배된다고 볼 수 있음
· 둘째, 품종 갱신 시 최소 3~4년의 소득이 없는 기간이 발생하여 품종 갱신을 꺼리게 됨
· 셋째, 새로운 품종은 다양한 지역과 재배 환경에서 재배되는데, 재배자 입장에서는 재배 지역의 기후와 해당 과원의 토양환경, 재배 방법에 해당 품종 특성이 잘 발현되는 검증된 품종을 원함. 농가가 자신의 과원에서 과실 특성을 확인하는 데까지는 묘목을 심고 2~3년 정도의 시간이 걸림
· 넷째, 과실을 생산한 이후에도 최소 유통물량 부족으로 판로의 어려움이 있어 보급이 더디게 이루어지고 있음

- 이에 국립원예특작과학원은 품종 갱신 시 수익이 발생하지 않는 미수익 기간 단축을 위해 조기 성원(성목 위주의 과수원)화를 위한 기술을 개발하고, 신품종 주산지 현장 연구 강화를 통해 신품종 재배 방법 개발, 보급을 함께 추진하고 있음

✓ 다양한 단감 품종이 개발되었는데 시장에서는 개발된 품종을 접하기 어려운 이유는?

- 묘목을 심고 첫 열매가 달리기까지 3~4년이 걸리며, 본격적인 수확을 위해서는 5~6년 정도의 오랜 시간이 걸림. 국내 육성 품종은 2014년부터 본격 보급하기 시작해 '감풍'을 제외하고 아직 어린 나무가 많아 소규모로 유통되고 있음
- 비교적 보급 면적이 넓은 '감풍'은 온라인 유통망을 통해 현재 유통 중이며, 2023년에는 수도권의 H백화점 6지점에서 프리미엄 과실로 판매되어 우수성을 평가받기도 함. 생산량이 확대되는 2~3년 후에는 오프라인 매장을 통해서도 여러 육성 품종을 접할 수 있을 것으로 기대됨

✓ 감 수출이 정체되고 있는 이유는?

- 감 수출은 1993년 최초 시작된 이래로 급속히 증가하다가 최근 정체 내지 감소하고 있음. 코로나 팬데믹, 세계 경제 위축의 영향도 있지만, 현재 주요 단감 수출국인 동남아시아에서는 고온의 유통 환경에 맞는 수확 후 품질 관리가 잘 이루어지지 않음, 즉 유통 중 품질 저하로 상품성이 떨어짐
- 따라서 수출을 확대하고 내수를 안정화하기 위해서는 '감풍' 등 품질이 우수한 품종을 수출국 맞춤형 재배기술로 생산하여 품질을 고급화하고, 유통 중 품질 유지 기술 개발로 상품성을 적절히 유지해야 함. 또한 동남아 시장을 벗어나 미주, 유럽 등 수출시장을 확대할 필요성이 있음

✓ 신품종 단감의 묘목은 어디서 구매 가능한지?

- 출원된 신품종 단감은 기술 이전된 전문 묘목 생산농원에서 구매 가능함

묘목 업체	주소
미림원예종묘	경기 과천시
풍림농원	경남 진주시
경산묘목 영농조합법인	경북 경산시
대한종묘농원	경북 경산시
거창과수묘목 영농조합법인	경북 경산시
동백종묘농원	경북 경산시
풍진생산농원	경북 경주시
대성감농장	전남 무안군
매송종묘원	전남 순천시
대원농원	전남 순천시
남도농원	전남 순천시
청송농예원	전남 장성군
충청농원	충북 옥천군
만금농원	충북 옥천군
충림과수묘목 영농조합법인	충북 청주시
조은농원	전남 영암군
보림농원	전남 순천시

✓ 앞으로 단감 신품종의 육성 보급 계획은?

- 국립원예특작과학원에서는 기후변화에 대응하고, 소비자 요구에 부응하기 위해 병에 잘 견디고, 기능성이 뛰어나며, 씨가 없어 간편하게 섭취할 수 있는 품종, 꼭지들림과 미세균열 발생이 적은 품종을 개발하여 보급할 예정임
- 기존에 육성된 신품종은 재배기술 지원 등 재배법의 조기 확립을 통해 농가에서 품종 고유의 특성이 안정적으로 발현, 소비자들에게 맛 좋은 단감을 공급할 수 있도록 기반을 조성하고 있음. 또한 개발 품종의 대국민 홍보를 강화해 보급이 확대되도록 노력하고 있음

7. 키위

□ 생육 후반기 키위 과실의 변화
  ○ 과일이 성숙하면 여러 가지 화학적, 물리적 변화가 발생함
    - 당 함량은 증가하고 산 함량이 감소하고, 과일에 따라서 에틸렌 발생량이 증가하기도 함
    - 이러한 성숙 지표를 이용해 수확시기를 판단함
    - 키위에서 적기 수확은 소비자가 좋아하도록 과실의 품질을 높이고 장기간 저장하여 가격 경쟁력을 확보할 수 있는 최적의 시기에 수확하는 것임
    - 이를 위해서, 키위 과실에서 생장 후반기에 일어나는 변화를 이해하고 매년 재배하는 과실(또는 품종)의 숙기가 어떠한지 살펴보면서 적기 수확을 준비해야 함
  ○ 키위에서 가장 많이 변하는 것은 당도임
    - 굴절당도계로 측정 가능한 당도는 생육 후반기 급격히 증가함
    - 이는 생육기 축적된 전분이 급격하게 분해되면서 당 함량이 증가하기 때문임
    - 건물함량(dry matter content)도 꾸준히 증가함
    - 만개 후 140일 이후에 품종 대부분이 16%(최소 기준)를 넘어서고 170일 이후에 최고치에 도달함
    - 건물함량이 가장 높을 때 수확하는 것이 중요한데 이는 키위에서 건물함량은 대부분 전분과 가용성 당으로 이뤄지기 때문임
    - 전분은 후숙 과정에서 당으로 전환되기 때문에 결국 건물함량이 높다는 것은 당도가 높다는 것을 의미함
    - 이때 고려할 것은 과실 경도임
    - 일반적으로 생육 후반기 경도가 차츰 내려가게 되는데, 품종에 따라서 생육 후반기에 경도가 빨리 감소하는 예도 있음

- 가을철 서리가 빨리 내리는 지역은 저장 후 경도 감소 예방을 위해 수확을 서둘러야 함
○ 고당도 과실 생산을 위해서는 건물함량이 가장 높을 때 수확하는 것이 효과적임
- 가을철 서리피해와 경도 감소를 고려한다면 10월 중·하순에서 11월 상순 사이에 수확시기를 결정하는 것이 효과적이라고 할 수 있음
- 경도는 '헤이워드'보다 골드키위 품종에서 감소하는 경향이 더 뚜렷하여 골드키위 재배 시 경도 변화에 더욱 관심을 기울여야 함
- 골드키위 품종은 과육의 색이 녹색에서 황색으로 변함
- 이는 카로티노이드와 같은 노란색 색소의 축적보다 녹색 색소인 엽록소의 분해 영향이 더 큼
- 키위 과일의 황색 발현을 측정하기 위해 색차계의 hue angle(색조각)이라는 값을 활용함
- 102 이하에 도달하면 안정적으로 황색이 발현됐다고 함
- 만개 후 160일부터 색을 측정하여 수확시기 결정에 참고해야 함
- 과육 색은 맨눈으로 판단할 수 있어서 직접 잘라 확인하는 것도 좋음
○ 질소 시비가 많거나 착과량이 많을수록, 토양수분함량이 높을수록, 그리고 일조량이 부족할수록 건물함량 축적이 지연되고 골드키위의 경우 황색 발현이 늦어짐
- 과원 내 위치에 따라 차등적으로 수확시기를 판단하는 것이 중요함

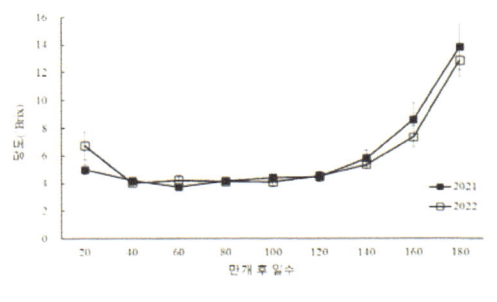
당도

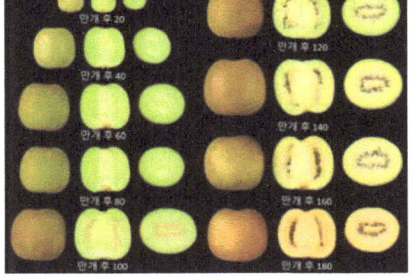
과실

〈만개 후 경과 일수에 따른 '감황'의 변화〉

■ 수확과 저장

- O 키위 과실이 소비자에게 판매될 때까지, 신선한 상태를 유지할 수 있도록 좋은 과실을 수확하고 선별하여 저장하는 것이 중요함
- O 과실은 절대 상처 입지 않아야 함
 - 상처가 난 과실(혹은 병해충 피해) 또는 이미 연화된 과실에서는 에틸렌이 발생함
 - 키위는 에틸렌에 아주 민감하고 에틸렌에 대한 반응성이 높음
 - 에틸렌은 후숙을 촉진하기 때문에, 상처가 나거나 연화된 과일 하나가 주변 과실의 저장성을 떨어뜨리고 심각할 경우 부패를 초래하게 됨
 - 수확할 때 키위를 던지는 일도 있는데, 삼가야 함
- O 공동의 저장고를 사용한다면 농가별로 선별하여 저장하는 것이 바람직함
 - 정상적인 과수원과 불량한 과수원에서 생산된 과실을 같이 저장하면 상처 난 과실이나 이미 연화된 과실로 인해 같이 저장된 과실의 저장력이 현저하게 떨어질 수 있음
 - 선별하여 저장하지 않은 경우, 이미 물러진 농가의 과실에 의해 공동저장고에서 2주 이내에 20~30%가량 손실이 발생한 사례가 있음
- O 과실 품온(品溫)을 내려서 저장해야 하는데 오후에 수확하는 경우 과실 품온이 높음
 - 과실 온도가 높을수록 호흡량이 많아 호흡으로 인한 습기가 많이 발생하므로 서늘한 장소에서 품온을 내리고 저장함

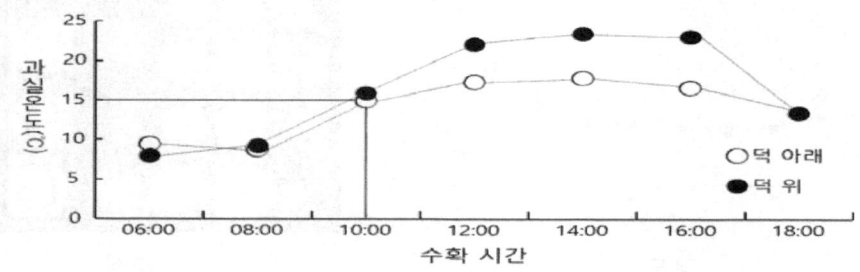

<키위 수확 시간대별 과실 온도 변화>

○ 장기 저장할 때는 온도 0~1℃, 상대 습도 80~90% 이상으로 유지함
 - 키위는 호흡량을 가장 낮출 수 있는 0~1℃가 장기 저장에 적합하고 과피 증산으로 인한 탈수(과피 시듦)를 막으려면 저장고 내 습도가 높은 것이 좋음
 - 저장 용량은 과실의 과다 호흡을 막고 냉기가 과실에 닿도록 상자 사이 간격이 확보되는 70~80% 정도를 유지함

□ 병해충 관리
○ 9~10월에 약제 살포는 농약잔류허용기준치를 초과할 수 있어 각별한 주의가 필요함
○ 과실 생장 후반기에 문제가 되는 병해충은 주로 무름과와 부패과 그리고 낙과를 유발하는 곰팡이와 노린재임
 - 노린재는 생육기 내 존재하지만, 가을철 발생량이 많아짐
 - 노린재의 경우 페로몬 트랩을 사용해 예방할 수 있음
 - 주의할 점은 트랩을 과수원에서 최소 5m 이상 떨어진 곳에 설치해야 페로몬에 이끌린 노린재가 키위나무로 가는 것을 막을 수 있음

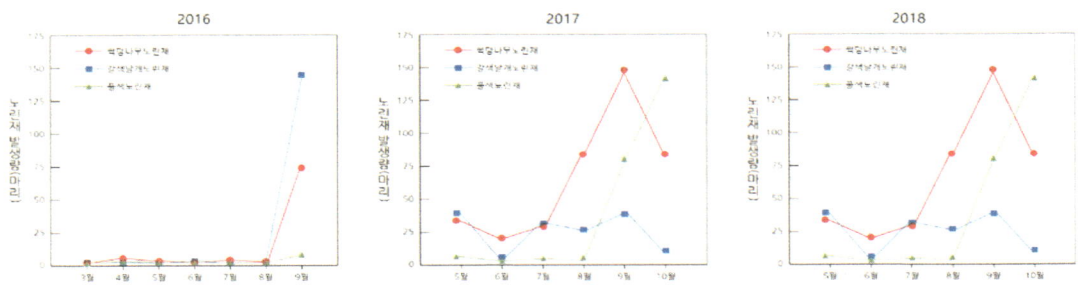

<월별 노린재 발생량(2016~2018년 조사)>

 - 노린재나 무름병 피해로 낙과가 발생한다면 떨어진 과일은 즉시 치워주는 것이 좋음
 - 이 과실에서 에틸렌이 발생해 아직 수확되지 않은 과실에 영향을 미쳐 저장성이 나빠질 수 있음

□ 키위 주산지 외 재배지역의 주요 생육시기, 동해 발생과 기상 정보

(영농활용: 2024. 국립원예특작과학원)

○ 배경
- 키위 재배는 전남, 경남 등 남부 해안가와 제주지역을 중심으로 이루어지고 있으나, 따뜻한 겨울과 지구 온난화로 인해 경기도, 강원도 해안가 등으로 키위 재배가 확대되고 있으나, 이에 대한 재배가능성 평가(안전 재배, 생산성 유지)가 부족해 관련 정보가 필요함

○ 개발된 영농정보 내용
- 키위 주산지 외 재배 지역 '감황'의 주요 생육 시기
 · 발아기는 4월 10일, 만개기는 5월 17일, 수확기는 10월 30일로 주산지 대비 5일에서 14일가량 늦음
- 키위 주산지 외 재배 지역의 동해 발생
 · 2022년부터 2024년까지 3년간 재배 현장을 조사한 결과 매년 동해가 발생하였음
 · 특히, 유목기 동해가 심해 과원 성원화에 오랜 시간이 소요됨
 · 유목기 안전 생육을 위해 겨울철 주간부 피복은 필수로 여겨짐
- 키위 주산지 외 재배 지역의 기상 정보
 · 경기 화성 등 경기 해안지역과 강원 강릉 등 영동지역은 비교적 고위도 지역으로 겨울철 기온이 낮아 동해 위험에 노출되어 있어 작목 선택 전 고려가 필요함

○ 파급효과
- 확대되고 있는 키위 재배 지역에 대한 생육 시기, 동해 발생, 기상 정보를 제공함으로써 작목 선택 전 적지 판단 등 재배 안전성에 대한 검토 가능

Ⅲ. 화 훼

1. 프리지아

□ 작형 및 재배 기술

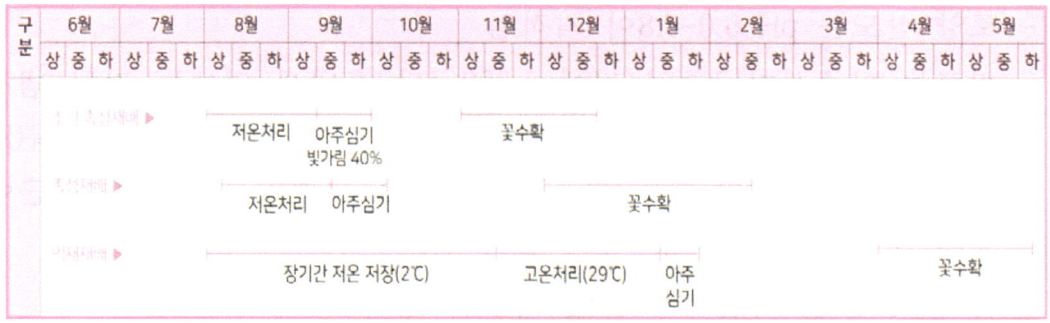

<프리지아 재배 작형>

○ 구근 준비
- 현재 가용시설에서 관리가 가능한 작형과 품종을 선택하고 자가 양성한 구근 또는 새로운 품종의 구근을 수입해서 구근의 휴면, 병해충 상태 등을 확인함
- 만일 휴면이 덜 깬 상태라면 절대로 저온 처리에 들어가면 안됨
  · 대개 잘 모르는 상황에서는 에틸렌 처리 또는 훈연 처리를 한번 더 거치면 균일하게 싹이 틈

○ 토양 준비
- 프리지아 뿌리는 토양이 부드럽고 물 빠짐이 좋을수록 깊이 들어가는 성질이 있어 최고 땅속 약 60㎝까지도 자라므로 지하수위와 토심이 깊고 유기질이 풍부하며, 보수력이 있고 물 빠짐이 잘되는 모래참흙이 적당함
- 또한 프리지아의 뿌리는 수축근(견인근)이라는 두껍고 매우 부드러운, 상처받기 쉬운 뿌리로 되어있어 높은 염도에 쉽게 상처 받으며, 토양 병해충의 표적이 되기 쉬움

- 염류장해 피해가 심하므로 반드시 염류농도를 조절해 가면서 시비를 해야 하고 만일 염류농도가 높게 되었을 때는 휴작하고 호밀, 사료작물 등 염류 제거용 작물을 이용, 완전히 탈염시킨 후 재배해야 함
- 토양 산도는 pH 6.0~6.8이 최적임
- 비료는 아주심기 1주일 전에 1,000㎡당 흙냄새 외에는 전혀 냄새 나지 않는 퇴비 1,000~2,000kg과 완효성비료 질소(N), 인(P), 칼륨(K) 3요소를 각 성분별로 5~10kg을 밑거름으로 뿌리고 퇴비가 구근에 닿지 않도록 20cm 이상 깊이 갈아 줌
- 웃거름으로는 복합비료 15kg 정도를 생육 중에 주면 됨

○ 아주심기
- 재배 농가에서 주로 많이 쓰는 관수 방법은 스프레이 관수 방법과 점적 호스나 테이프를 이용한 점적 관수 방법이 있는데 프리지아 재배에는 방울물주기 방법인 점적 관수가 토양을 덜 굳게 하며 염류 집적과 과습, 병해충 예방에도 도움이 되므로 스프레이 관수보다 점적 관수 방법을 추천함
- 구근을 심기 3~4일 전에 포장에 미리 점적호스와 망을 설치하고 충분히 관수하여 토양이 전체적으로 젖게 만든 다음 말림
- 한꺼번에 관수하는 것보다 완전히 말라 있는 토양에 다시 관수하는 식으로 몇 번에 걸쳐 나누어 관수하는 것이 토양을 굳게 하지 않고 땅을 부드럽게 할 수 있음
- 표토가 마른 후에 구근을 심게 되는데 만일 습냉 저온 처리를 했던 구근이라면 아주심기 후의 지온이 높음을 고려해서 다소 깊게 심고, 뿌리가 마르지 않게 주의해서 심어야 하고 건냉이나 무냉장 구근은 구근이 2~3cm 묻히게 심되, 품종, 구근의 크기, 작형에 따라 달리 할 수 있음

- 아주심기 간격은 1.0~1.2m 이랑에 12×10~12㎝ 혹은 15×10㎝ 간격으로 심고 초세가 강하고 분지성이 좋으며 잎이 넓은 잎 품종들은 좀 더 간격을 넓게 심어야 함
- 아주심은 후 최소한 3~4일간 관수하지 말고 뿌리가 내리기를 기다리고, 1차 뿌리인 흡수근이 땅에 내려간 것을 확인하고 나서 조금씩 관수를 시작함

〈프리지아 구근 아주심기〉

- 일단 잎이 완전히 전개될 때까지 환기팬을 돌리고 100% 빛가림해 땅 온도를 최대한 낮추어 관리함

○ 생육 중 관리
- 생육 초기(꽃눈 분화 이전)
  · 절단 재배에서는 얼지 않을 정도로 낮게 온도를 관리하는 것이 꽃과 잎 균형을 잡는 데 유리하나 국내 재배에는 다 가지 절단 절화 재배이므로 최저 10℃, 최고 25℃ 이하로 관리함

〈프리지아 생육 초기〉

  · 일단 잎이 다 전개되고 나면 망을 적당히 올려주고 잎이 늘어지지 않도록 자세를 잡아 이 시기는 최대한 영양생장을 많이 해야 하는 시기이므로 낮에 고온이 되지 않도록 조심하되 이른 아침부터 정오까지는 충분히 햇빛을 받게 하고 관수도 오전 중에 충분히 주어 광합성 효율이 높아지게 관리함

○ 생육 중기(꽃눈 분화기)
- 온도 조건에 따라 꽃눈 분화 속도가 달라지므로 원하는 절화 시기에 맞춰 온도 관리를 해야 함
- 만일 꽃눈 분화 적온보다 높게 관리하면(15℃) 꽃눈 분화가 잘 되고 절화 품질도 좋아지지만, 잎이 더 자라지 못하고 영양생장량이 줄어 지속적인 절화가 제한받게 됨

- 또 꽃눈 분화 온도보다 낮게 관리하면(8℃) 꽃눈 분화 속도가 느려져 개화기가 늦어짐
- 따라서 꽃눈 분화 적온 범위인 13℃ 내외로 관리해야 균형 잡힌 초세와 안정적으로 꽃눈 분화가 이루어질 수 있음
- 생육 초기와 마찬가지로 햇빛을 충분히 받게 하는 것은 매우 중요한데 꽃눈 분화기 이후 햇빛이 부족하면 곁가지 발생과 꽃수가 줄어들게 됨
- 따라서 오전의 햇빛은 온도가 좀 떨어지더라도 2중 비닐을 걷어 최대한 강한 빛을 받을 수 있게 해야 함

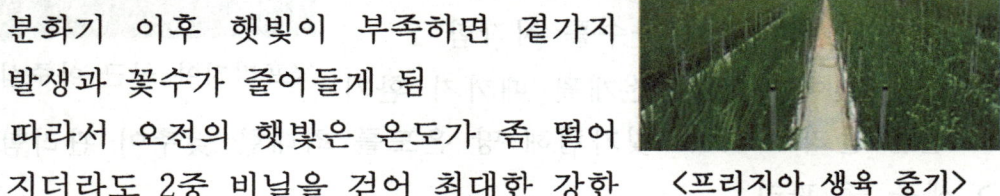

〈프리지아 생육 중기〉

- 저온 상태에서 하우스 관리를 하면 낮·밤 온도 차가 심하고 하우스 습도가 높아 잿빛곰팡이병 등의 피해가 심하게 되므로 환기와 약제살포를 수시로 해줘야 함

○ 생육 후기(꽃눈 발육, 개화기)
- 꽃눈 분화가 완료된 후에는 꽃눈 분화 조건보다 비교적 고온일 때 발달이 촉진됨
- 졸업 시즌 등에 맞추어 절화 시기를 앞당기려면 20℃ 가까이 올릴 수도 있으나 너무 갑작스런 고온은 고온장해를 일으킬 수 있으므로 서서히 올려야 함
- 또 고온 조건에서 자란 꽃은 꽃대가 연약하고 절화 무게가 가벼워지므로 꼭 필요한 때 외에는 피해야 하며 지나친 고온 환경이 지속되면 꽃눈 분화가 멈추고 휴면에 들어갈 수도 있음
- 고온 관리를 할 때 난방비의 손실도 만만치 않아 경영비 증가의 요인이 됨
- 꽃눈 분화가 끝나면 바로 전조를 하루 4시간 정도 해주는데 전조를 하면 생육이 좋아지고, 꽃 색도 좋아지는 효과가 있음

- 전등 조명에 좋은 시간은 아침 해 뜨기 전까지의 새벽이 가온 효과도 있어서 경영상 유리함
- 전조는 일반 백열전구가 싸고 좋으나 전력 소비가 많아 전구형 형광등을 이용하는 것이 경영상 더 유리함

○ 절화 수확과 수명 유지
- 절화 2~3일 전에는 온도를 다소 낮추어 꽃대를 단단하게 굳도록 함
- 수확 적기는 1번 꽃의 봉오리가 피기 시작하고 2~3번 꽃의 봉오리가 품종 고유의 색을 보일 때임
- 꽃은 에틸렌, 회색곰팡이 등에 매우 민감하여 절화의 저장이 필요할 때는 건조 저장으로 하며 0~0.5℃에서 7일 또는 9~10℃에서 5일 동안 저장이 가능함
- 아직 절화 수명 보존제를 처리하는 농가는 없으나 앞으로 전처리제가 개발되어 처리 후에 습식으로 물에 담긴 상태로 유통되는 것이 바람직함
- 수확된 꽃은 물 올림을 하고 10본을 한 묶음으로 하여 골판지 상자에 300~500본씩 채워서 출하함
- 출하 시 같은 규격을 한 상자에 넣고 품종 혼입도 하지 않는 것이 품질 관리에 유리함
- 겨울철에는 일반 차량으로 수송이 가능하나 온도가 올라가는 3월부터는 반드시 저온 차량을 이용하여 수송, 꽃의 품질이 떨어지지 않도록 함

2. 헬레보루스

☐ 현황 및 전망
- ○ 헬레보루스(Helleborus)는 미나리아재비과(Ranunculaceae)에 속하는 초본식물로 지중해 연안 남부 유럽과 중국 서부 지역에 자생함
- ○ 사계절 동안 녹색 잎을 유지하며, 겨울부터 이른 봄까지 꽃이 피기 때문에 '크리스마스 로즈'라고 불리기도 하는 헬레보루스는 2020년 이후 급격히 거래량이 증가해 2022년 기준 2억 5천만원 이상이 거래되고 있음(aT 화훼공판장)

Double Picotee　　Double Purple　　Double Red　　Double White　　White

〈국내 유통되는 크리스마스 로즈 품종 5종의 꽃의 형태 및 색상〉

☐ 종류 및 특성
- ○ 전세계에 걸쳐 22종이 분포하는 것으로 알려져 있으며, 국내에는 'Helleborus niger', 'Helleborus argutifolius' 등 원종 2종과 'Yellow Lady' 등 15품종이 유통되고 있음
  - 유통품종 중 'Double Picotee' 등 10개 품종은 겹꽃이고, 나머지 품종은 홑꽃임
- ○ 생리생태
  - 헬레보루스는 상록성으로 동계에 우리나라 노지에서도 월동할 수 있으며 14~10℃에서 생육이 가장 왕성한 저온성 작물임
  - 꽃은 12월에서 3월에 피는데 퇴화하여 거의 보이지 않고, 꽃이라고 불리는 부분은 실제로는 꽃받침이 변형된 것임
  - 꽃받침은 흰색, 분홍색, 자주색 등의 색상을 띠며 개화 후 수술이 탈락하고 꽃받침이 두꺼워지면서 엽록소가 발현되어 녹색을 띠게 됨

- 개화 후 꽃받침에 엽록소가 발현되기까지 약 2달 이상 관상이 가능한 식물로 키는 30~50cm 정도이고 볼륨감이 있어 화단이나 정원의 바위틈에 심으면 잘 어울림

☐ 재배 기술

○ 번식
- 헬레보루스의 번식은 종자나 포기나누기로 하고, 종자는 6월에 수확하여 파종하면 다음 해 4월에 발아하므로 정상적으로 발아하는데 9~10개월이 소요됨
- 종자 발아에 장기간이 소요되는 원인은 2차에 걸친 휴면 생리가 존재하기 때문이며, 1차 휴면은 종자 수확 직후에 있는데, 이때 휴면의 원인은 배의 미숙임
- 1차 휴면을 타파하기 위해서는 상온에서 4개월 정도 경과하면 배가 성숙하여 하배축 즉 뿌리가 발근 되는 조건을 갖추게 됨
  · 이때 뿌리는 정상적으로 자라지만 상배축 즉 줄기가 자라지 않는 2차 휴면이 존재하기 때문에 2차 휴면을 타파하기 위해서는 종자를 망사 주머니에 넣고 노지의 모래나 땅에 묻고 4개월 정도 경과하면 정상적으로 발아하게 됨
- 1차 휴면을 조기에 타파하기 위한 기술은 GA_3 1,000ppm을 처리하고 주간 15℃, 야간 6℃로 6~8주를 경과 하면 뿌리가 정상적으로 자람
- 2차 휴면은 뿌리가 나온 종자를 4℃ 조건에서 6주 이상을 경과시키면 휴면을 조기에 타파할 수 있음

○ 재배와 관리
- 토양은 유기물이 많고 물 빠짐이 좋으며 pH 6.5 정도의 중성 토양이 좋고, 부엽토나 기타 유기물을 충분히 넣어 주어 토양 표면은 2년 간격으로 낙엽, 나무껍질 등으로 두껍게 멀칭해 주었다가 충분히 부숙되면 유기물로 활용하여 관리하는 것이 좋음
- 정식 또는 포기나누기는 4~5월 초가 가장 적기이며 이때 심으면 뿌리 내림이 좋아 잘 자람

- 9월에도 화분 등에 심을 수 있으나 봄철에 심는 것이 더 좋고 토양에 아주심기를 할 때 식물체가 지면 위로 1cm 정도 올라오도록 심으면 활착 시에 아래로 내려앉는 것을 보완할 수 있으며, 물을 충분히 주어 활착을 돕도록 하는 것이 좋음
- 헬레보루스는 자라는 동안에 물을 좋아하는 식물이므로 충분히 물을 주어 증산작용이 원활해지도록 하면 잘 자라는 데 도움이 되고, 건조하게 되면 잎이 쉽게 죽게 되는 원인이 됨
- 특히 여름에는 토양이 건조하지 않도록 관리하는 것이 중요함
· 여름철에 햇빛이 강할 경우 차광을 해주면 잎의 생육과 꽃의 품질 및 수량을 확보하는 데 도움이 됨
- 헬레보루스는 저온성 작물로 9월부터 11월까지는 시설 내 온도를 낮게 관리해 주는 것이 중요하고, 환기를 시켜 실내 온도를 낮추거나 식물체가 고온을 극복할 수 있도록 충분히 물을 주어 건조하지 않도록 해줌
· 또한 꽃의 색상을 좋게 하기 위해서는 주야간 온도 차가 크도록 관리하는 것이 좋음
○ 병해충 방제
- 헬레보루스의 병해충을 방지하기 위해서는 시설 내를 깨끗하게 관리하는 것이 무엇보다 중요함
- 가장 많이 발생하는 병해로는 곰팡이병이며 흰가루병은 잎의 아랫부분에 4월부터 10월까지 발생함
· 병이 발생한 잎은 즉시 제거하여 병이 퍼지지 않도록 관리하고 시설 내에 바람이 잘 통하도록 하는 것이 좋으나 지나치게 센 바람은 병을 퍼지게 하는 역할을 함
· 잿빛곰팡이병은 어린잎에 잘 발생하므로 초기에 방제하고 환기를 시켜 마그네슘을 살포해 주면 잎의 저항성을 가지는 데 도움이 됨
· 응애가 여름철에 발생하면 약제살포를 하거나 천적을 통하여 방제함
· 달팽이와 풍뎅이류 애벌레가 뿌리를 가해할 수 있으므로 주의 깊게 관찰하여 방제하도록 함

준고랭지 선발 화종(헬레보루스)의 적정 적엽 시기

(영농활용: 2022. 전북특별자치도농업기술원)

○ 배경
- 국내 화훼 소비패턴이 연중 꾸준하고 재배시설의 현대화로 준고랭지 주생산 시기인 6월~10월에서 11월~ 이듬해 5월까지도 절화 수확 확대가 가능한 새로운 화훼 작목 도입
- 또한 최근 화훼 소비 트렌드는 다품목 소량 소비(생산) 기조로서 시장 기호도 변화에 맞는 새롭고 다양한 화종 생산 필요함
- 헬레보루스는 2016년 준고랭지 지역에 처음 도입한 작물임
- 17℃ 이하 저온 단일 조건에서 화아분화 하는 작물로 봄이나 여름 적엽 작업이 필수적이지만 새로 도입된 작물로 관리 방법이나 적엽 시기 방법 등이 미비함
- 헬레보루스의 고품질 생산을 위한 적정한 적엽 시기를 구명하고자 함

○ 개발된 영농기술정보
- 준고랭지에서 고품질의 헬레보루스를 생산하기 위한 적정 적엽 시기는 9월 상순경이 적절하였음
- 적엽 시기에 따라 적엽 시기가 늦을수록 신초와 분얼수가 증가하였고, 절화장이 길고 절화중이 무거웠으며, 소화수가 많아지고 수량도 주당 2.8개로 가장 많았음

<적엽 시기에 따른 절화 품질 비교>

처리일자 (월.일)	절화장 (cm)	절화중 (g)	경경 (mm)	소화수 (개/주)	수량 (개/주)
I (7/29)	32.8±3.3	22.9±3.4	7.3±0.9	3.2±0.8	0.4±0.5
II (8/12)	33.1±1.9	34.8±2.7	8.2±1.8	5.1±1.7	1.0±0.2
III (8/26)	34.8±1.2	36.3±1.8	8.4±1.3	5.3±1.7	1.3±1.4
IV (9/9)	42.5±3.1	41.1±1.3	9.7±1.5	6.7±1.5	2.8±2.4

^{z}평균±표준편차

○ 파급효과
- 준고랭지 헬레보루스 적정 시기 적엽을 통한 안정 절화 생산 가능

3. 농촌 치유관광

☐ 농촌 치유관광의 개념
  ○ 농촌 치유관광의 배경
  - 치유·힐링에 대한 사회적 관심 증가에 따라 자연과 경관, 농촌 문화 등을 향유할 수 있는 농촌 관광의 사회적 역할이 증대되고 있음
  - 농촌관광객의 관광 동기를 살펴보면, 일상탈출·휴식이 47.1%, 즐길거리/즐거움 17.8% 순으로 나타남(농촌진흥청, 2019)
  · 여가와 휴식을 위해 농촌을 찾아오는 사람들이 많아지고 있음을 알 수 있음
  - 관광 분야에서도 건강과 관련된 건강, 웰니스, 의료관광 등의 시장이 크게 성장 하였음
  - 인터넷을 통해 쉽게 이용할 수 있는 정보, 적절한 가격과 접근할 수 있는 여행을 통해 건강 관광의 흐름이 촉진되고 있음
  - 현재 전 세계 인구의 절반 이상이 도시에 살고 있으며, 2050년에는 도시 거주인구가 2/3로 증가할 것으로 예상됨(World Tourism Organization and European Travel Commission, 2018)
  - 도시 생활과 관련된 건강 상태 및 만성질환으로 인해 더 건강한 여행, 자연 속으로 떠나는 치유와 휴양관광에 대한 요구와 수요가 증가하고 있음
  - 농촌 관광은 농외소득 증대와 농촌지역 활성화의 동력으로 간주하고 있음(Hall, Roberts, & Mitchell, 2003). 그러나 농촌관광 경험률이 2003년 8.1%에서 2018년 41.1%로 꾸준히 증가했지만, 숙박관광객 수는 정체되고 있음(농촌진흥청, 2019)
  - 또한 농촌 관광 경영체는 증가하고 있으나 정체된 농촌관광사업의 새로운 활로를 모색하는 것이 필요함

- 농촌 관광이 활성화되기 위해서는 치유관광과 같은 새로운 가치를 접목함으로써 농촌이 가진 가치를 더욱 적극적으로 확대해 나갈 수 있을 것임

○ 농촌 치유관광의 개념
- 농촌 치유관광은 일상에서 벗어나 농촌에서 치유적 요소를 가진 활동을 통해 스트레스 해소와 심신의 일상 회복, 건강증진 등을 추구하는 형태의 관광을 말함
- 이를 통해 참여자들은 피로와 스트레스에서 회복하고 건강한 일상으로 돌아갈 수 있는 에너지를 얻게 됨

<농촌 치유관광을 통한 일상 회복>

○ 농촌 치유관광의 가치와 영향 요인
- 많은 연구를 통해 관광은 경험자의 지각된 삶의 질과 행복감 등에 긍정적인 영향을 미치는 것으로 나타나고 있음
- 관광을 경험하기 전 단계는 기대 단계로 사람들은 관광을 통한 긍정적인 경험을 기대하기 때문에 평소보다 더 행복감을 느끼게 됨
- 경험 단계에서는 관광 중에 반영된 긍정적인 경험, 회복경험, 관광 만족감, 관광 활동 등의 요인들로 인해 지각된 행복감이 더욱 증가하게 됨

- 그러나 시차, 건강문제, 기온 등 관광 중 만날 수 있는 부정적인 요인들은 지각된 행복감에 부정적인 영향을 미치게 됨
- 사라짐 단계에서는 관광 이후 일상의 업무 등으로 인해 관광이 미치는 긍정적인 영향들이 점차 감소하게 된다는 특성이 있음
- 일반적인 관광 경험들도 이러한 효과가 있지만, 치유 목적을 가지고 대상자 맞춤형으로 설계된 농촌 치유관광 프로그램은 참여자의 스트레스를 완화하고 행복감과 삶의 만족도를 효과적으로 높일 수 있음

관광 전	관광 중		관광 후
기대 단계	경험 단계	혜택 단계	사라짐 단계
The level of Life Satisfaction			
✔ 긍정적 요인 - 관광에 대한 기대	✔ 긍정적 요인 - 긍적적인 관광경험 반영, 회복 경험 - 관광 만족, 활동 단계 ✔ 부정적 요인 - 부정적인 사건, 시차 - 관광 중 발생하는 건강 문제, 관광지 기온		✔ 부정적 요인 - 업무 부하
✔ 결과 - 행복감	✔ 결과 - 긍정적 영향 - 행복감	✔ 결과 - 삶의 만족 - 건강 - 스트레스 완화 - 업무 성과	✔ 결과 - 사라짐

* Chen & Petrick(2013)의 자료를 수정 보완함

〈관광 경험과 삶의 만족도〉

- 농촌은 자연이 주는 아름다운 경관이 있어 일상 회복에 도움이 되는 환경을 제공함
- 주민들의 정성에서 느껴지는 정과 농촌의 정서, 사람들과의 교류는 닫힌 마음을 어루만지고 삶을 긍정적인 시각으로 바라볼 수 있게 해주고 피로한 일상을 벗어나 심신의 회복을 돕고 행복감을 높여줌
- 농촌 치유관광은 자연과 경관, 문화를 활용해 건강증진은 물론 일자리 창출과 소득증대, 공동체 활성화 등 다양한 측면으로 농촌 활성화에도 이바지함

- 최근 안전한 국내 여행에 대한 선호도가 높아진 요즘, 농촌이 가진 치유 자원의 발굴과 활용이 더욱 요구됨

□ 농촌 치유관광의 특징
  ○ 농촌 치유관광의 대상
   - 농촌 치유관광의 대상은 일상 회복이 필요한 스트레스 고위험군, 건강 라이프스타일 추구 집단 등을 주요 대상으로 하고 있음
   - 일상에서 피로와 스트레스에서 회복하고 질병을 예방할 수 있는 예방 단계의 치유라고 할 수 있음
   - 이와 함께 정신건강 고위험군, 생활 습관 개선 및 관리가 필요한 집단, 치유적 환경에서 머물며 건강관리가 필요한 집단 등으로 점차 농촌 치유관광의 시장 확대가 필요함

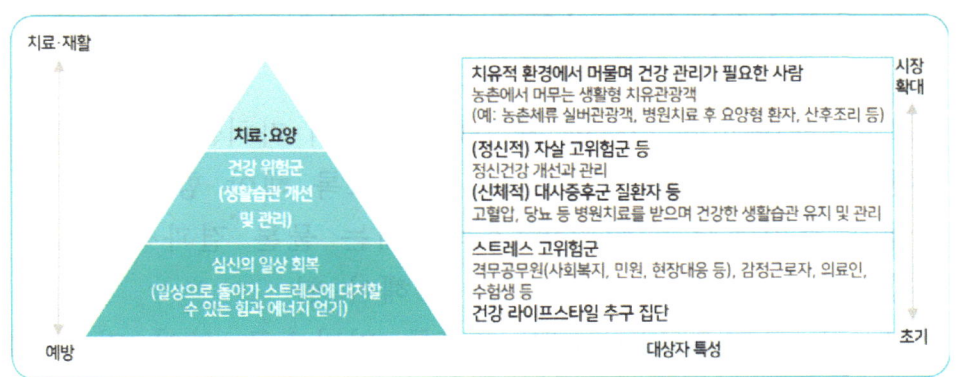

〈농촌 치유관광의 대상〉

  ○ 농촌 치유관광의 특징
   - 농촌 체험 관광이 농업·농촌의 경험, 교육·체험 등을 주목적으로 한다면 농촌 치유관광은 치유 요소를 가진 활동으로 휴식, 일상 회복, 건강증진 등을 주목적으로 함
   - 농촌 체험 관광의 기대 효과가 농업·농촌에 대한 이해와 경험의 확대, 교육적 효과 등이라면 농촌 치유관광의 기대 효과는 신체적 정신적 휴식, 일상 회복, 건강증진 등임

- 따라서 농촌 치유관광 운영자들은 치유 대상자에 대한 이해와 상호작용을 바탕으로 한 치유 서비스 제공 능력이 바탕이 되어야 할 것임

<농촌 치유관광과 체험 관광의 차이점>

구분	치유관광	체험관광
주목적	치유적 요소를 가진 관광과 체험활동	농업·농촌의 경험, 여가활동, 교육·체험 등
기대효과	신체적·정신적 휴식과 일상 회복, 건강 증진	농업·농촌에 대한 이해와 경험의 확대, 교육적 효과 등
운영자 역량	치유 대상자에 대한 이해와 상호작용을 바탕으로 한 치유서비스 제공 능력	이반적인 체험서비스 제공 능력

○ 농촌 치유관광의 지향점
 - 농촌 치유관광은 농촌 자원의 치유적 활용을 통해 농촌의 공익적 가치와 국민의 건강증진에 있음
 - 수요자 측면에서는 건강한 환경에서 치유적 가치를 경험하고 일상을 벗어난 쉼과 회복이 이루어질 수 있도록 해야 함
 - 공급자 측면에서는 주민의 소득증대는 물론 결과적으로 주민과 관광객이 함께 치유될 수 있도록 해야 함
 - 지역사회 측면으로는 주민 참여를 기반으로 하여 지속 가능한 치유 관광 사업 운영과 공동체 활성화에 기여할 수 있도록 해야 할 것임

❑ 우울 감소를 위한 치유농업 프로그램 시장 규모와 수익성 분석

(영농활용: 2024. 국립원예특작과학원)

○ 배경
 - 다양한 치유농업 자원 중 원예중심 치유농업 프로그램이 우울장애 치료 및 우울감 감소를 위한 비용을 대체할 것으로 가정할 시, 대체 가능한 비용·시장의 규모, 수익성 등을 확인할 필요가 있음

○ 영농정보
 - 우울 감소를 위한 치유농업 프로그램 시장 규모와 수익성
  · 우울감 및 우울장애 감소에 효과가 있는 원예중심 치유농업 프로그램이 대체할 수 있는 비용 규모는 약 2조 8천억 원임
 - 정신의료기관 및 치유 농장수와 참여 가능자를 모두 합산한 결과, 연간 6회 운영되는 것으로 가정했을 때 2028년에는 2,850여 개 개관에서 256,400명이 참여하고 프로그램은 17,100회가 운영될 수 있음
  · 수익성 달성을 위한 우울감소 원예중심 치유농업 프로그램의 운영을 위해서 1회기 당 최소 31,211원에서 최대 45,346원의 참가비를 받아야 함
○ 파급효과
 - (경제성) 우울감 및 우울장애 완화를 위한 사회적 비용 절감
 - (수익성) 치유농업 프로그램 참가비 산정의 실질적 기준 제공

□ 농촌진흥청, 도시형 치유농업 활성화 방안 모색

(보도자료: 2025.6.27. 농촌진흥청)

○ 농촌진흥청은 2021년부터 순차적으로 설치하고 있는 전국 광역단위 치유농업센터를 현재 13개소*에서 2027년까지 총 17개소로 확대할 계획이라고 밝혔음
 * (도 농업기술원) 경기, 강원, 충북, 충남, 전북, 전남, 경북, 경남, 제주(특·광역시 농업기술센터) 서울, 인천, 광주, 부산
 - 이와 관련해 농촌진흥청은 6월 27일 오후, 서울시치유농업센터를 방문해 도시형 치유농업 운영 현황을 파악하고, 치유농업 서비스 관계자들과 간담회를 갖고, 활성화 방안을 모색했음
 - 이날 간담회에서는 어떻게 하면 도시지역에서 치유농업이 정신건강 회복, 사회적 관계 회복 등 공익적 가치를 실현할 수 있을지에 대한 생생한 현장 의견과 이어 병원·복지기관 관계자, 시민, 치유농업사 등 각계 전문가들과 도시지역 치유농업의 실효성과 과제를 공유하고, 향후 협력 방안에 대해 자유롭게 토론했음

- 참석자들은 △학생들을 위한 치유농업 서비스 확대 △동·식물 등 다양한 자원을 융합한 맞춤형 프로그램 개발 △운영 공간 확충 △운영 인력 전문성 강화 등 다양한 의견을 냈음
  · 서울시 치유농업센터는 2022년 개소 이후 도시형 치유농업 모델 3종(스마트 치유온실·시설형·농장형)을 기반으로 다양한 프로그램을 운영하며, 시민 삶의 질 향상에 기여하고 있음
○ 농촌진흥청은 "도시민들이 심리적 스트레스와 고립감을 해소하고 싶어도 마땅히 이용할 만한 서비스 공급 기반은 부족한 실정이다."라며, "도시지역에 적합한 치유농업 모형을 적극 개발하고 서비스 공간을 늘리며, 복지·의료·교육기관과 협업을 강화해 실효성 있는 정책에 반영될 수 있도록 노력하겠다."라고 밝혔음

Ⅳ. 특용작물

1. 인 삼

☐ 개갑(開匣)처리 중 수분관리
- ○ 인삼종자의 개갑(미숙된 인삼종자를 후숙시키는 것)은 11월 상순까지로, 물주기는 9월 하순~10월 중순 사이에는 1일 1회, 10월 중순~11월 상순까지는 2~3일에 1회씩 주도록 함

☐ 직파재배
- ○ 직파재배는 육묘, 묘삼채굴, 선별, 이식 작업이 생략되어 생산비 절감에 효과적이고 가을에 파종하기 때문에 해가림 설치작업을 분산시킬 수 있음
 - 단기간(4년생) 내 단위당 수량을 증가시킬 수 있으며, 적변삼과 뿌리썩음병이 감소하는데, 이식재배는 동체가 표토의 낮은 부위에 존재하여 표토에 집적된 염류의 피해를 받기 쉬우나 직파재배는 동체가 표토의 깊은 부위에 존재하여 염류장해를 덜 받아 적변 발생이 적음
- ○ 직파재배의 씨뿌림 방법
 - 파종할 표면에 수분이 많으면 모래를 0.3cm 두께로 편 다음 파종장척(파종위치표시기) 또는 파종기계를 이용하여야 함
 - 파종 후 흙을 2~3cm 깊이로 덮고, 볏짚이엉을 덮어 월동 후 봄철 싹트기 직전에 한 겹만 남기고 제거하여야 함
 - 부초 위에 비닐을 피복하여 월동시키면 토양 과습과 건조를 막아 출아율이 향상되도록 함

☐ 모밭 구분
- ○ 모밭은 양직모밭, 반양직모밭, 토직모밭으로 구분함
 - 양직모밭은 상토를 인위적으로 만들어 그 상토에 파종하는 방법으로 원야토(석비레)와 약토를 3:1의 비율로 혼합하여 육묘용 상토를 만든 다음, 그 위에 씨를 뿌려 묘를 기르는 방법임

- 양직모밭에서 생산된 묘삼은 동체가 길고, 뇌두가 건실하고, 체형이 양호해서 6년근 재배용 묘삼으로 적합함
· 단, 약토의 질소함량에 따라 혼합비율을 조정하여 사용하여야 함
- 반양직 모밭은 상토를 만들지 않고 밭흙을 그대로 사용하여 재배하므로 예정지 관리를 충분히 한 후 가작반(假作畔)을 하고 그 흙을 지름 1.5cm의 체로 쳐서 파종상을 만들어 파종하는 묘포임
· 생산비가 양직모밭보다 적게 들고 생력화할 수 있으나 묘삼체형이 다소 떨어짐
- 토직 모밭은 일반 밭흙을 사용하여 재배하는 것으로 예정지 관리가 끝난 가을에 가작반(假作畔) 후 흙을 체로 치지 않고 두둑을 이용하여 파종상을 만듦
· 생산비가 다른 묘포에 비해 가장 적게 드는 장점이 있으나 모잘록병과 불량 묘삼의 발생 우려가 있음
· 최근 생산 경영비 상승에 따라 설치가 간편한 토직 모밭을 대부분 활용하고 있음

모밭 이랑 만들기

○ 이랑 만들기는 10월 상순~11월 중순 사이에 완료하고, 정동(正東)에서 남쪽으로 25~30°와 정서(正西)에서 북쪽으로 25~30°를 연결하는 방향(나침판 115~120°)으로 이랑을 만들어야 함
- 본밭이랑 만들기에 준해 두둑을 만든 다음 고랑이 될 부분의 흙을 두둑이 될 곳에 쌓이도록 관리기 또는 작판기로 작업을 하여야 함
- 두둑의 흙이 부족하면 고랑의 흙을 다시 갈아서 두둑 양쪽에 붙임

<이랑 규격>

두둑폭	고랑폭	이랑폭	두둑높이
90cm	90cm	180cm	30cm 내외

 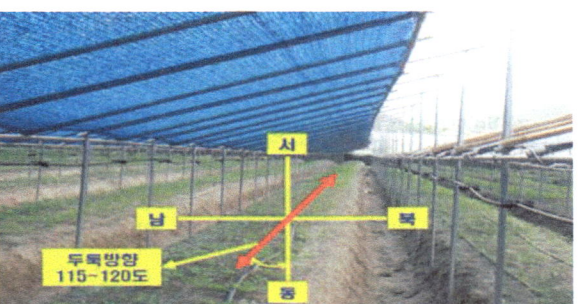

❏ 모판(파종상) 만들기

○ 모판(파종상) 만들기는 양직 모밭, 반양직 모밭, 토직 모밭에 따라 각 관리됨
  - 그에 따른 세부 사항은 표준인삼경작방법 농촌진흥청 고시 제 2023-1호, 2023. 2. 8., 별표 6과 같음

❏ 모밭 파종

○ 씨뿌림(파종) 관리는 씨앗의 처리, 씨뿌림 시기, 씨뿌림 양, 씨뿌림 방법, 씨뿌림 소요면적, 씨뿌린 후 관리로 구분할 수 있음
  - 씨앗의 처리는 씨뿌리기 2~3일 전에 씨눈 틔운 용기에서 씨앗을 꺼내어 씨앗과 모래를 체로 분리한 다음 물로 깨끗이 씻어 건조하지 않도록 그늘지고 서늘한 곳에 보관하여야 함
    · 보관한 씨앗을 소독(병해 방제용 등록 농약 안전사용기준에 준함)한 후 뿌리도록 함
  - 씨뿌림시기는 10월 하순~11월 중순에 가을뿌림(추파)을 권장함
  - 씨뿌림 양은 씨뿌림 간격, 행과 열에 의하여 결정됨
    · 씨뿌림 간격: 3.0×3.0cm
    · 90×180cm당 행과 열: 29행×60열
    · 씨뿌림 양: 1,740알/90×180cm
  - 씨뿌림 방법은 점파(점뿌림), 조파(줄뿌림), 산파(흩뿌림)의 3가지 방법이 있음

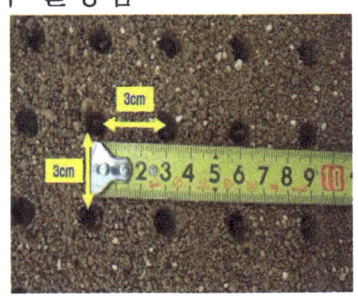

- 점뿌림은 줄뿌림, 흩뿌림에 비해 노력은 더 드나 종자를 절약할 수 있고, 또 생육이 균일하여 우량 묘삼을 많이 얻을 수 있어 대부분 점뿌림하고 있는데 흩뿌림을 하여 인건비를 절감하는 예도 있음
- 점뿌림 방법 및 관리
- 씨뿌림 할 두둑 표면에 파종장척(파종 위치표시기) 또는 파종기를 이용하여 뿌림

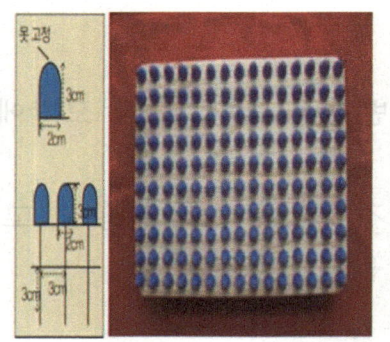 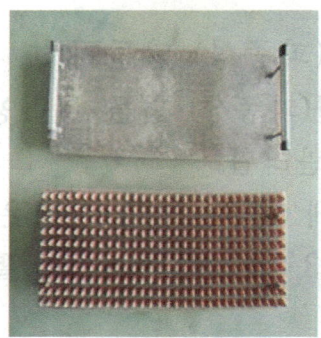

< 파종장척(파종 위치표시기) >

- 모판흙의 수분이 약간 많을 때는 파종장척에 흙이 묻어나와 구멍이 막히므로 가는 모래를 상면에 0.3cm가량 균일하게 편 다음 장척으로 찍은 후 씨앗을 한 구멍에 한 알씩 넣어야 함
- 씨뿌림 상황을 확인한 후 약간 굵고 깨끗한 모래로 두둑 표면 기준 0.5cm두께(씨앗의 복토 두께는 약 1.5~2cm)로 균일하게 덮은 후 널빤지로 상면을 가볍게 눌러 주어야 함
- 흙덮기가 끝나면 볏짚을 덮어 바람에 날리지 않도록 철선이나 새끼줄을 띄워 단단하게 매어주어야 함
- 씨뿌림 소요 면적은 본 밭 면적의 10분의 1 정도로 하여야 함
- 씨뿌린 후 관리는 씨를 뿌린 후 모판흙이 극히 건조할 때는 이엉이나 볏짚이 덮인 상태에서 10a당 3,000L 정도의 물을 주고 비닐을 덮어 줌
- 월동 중이나 봄철 싹트기 전 이엉이나 볏짚이 벗겨진 곳은 모판흙이 건조하여 발아가 불량하게 되므로 자주 살펴보아 이엉이 벗겨지지 않도록 함

- 월동 중에는 쥐약이나 쥐 퇴치기를 놓아 쥐 피해를 방지함

< 모래 덮기 >

< 비닐피복 >

모밭 월동관리

○ 월동관리는 10월 중·하순에 지상부가 고사하면 안전한 월동을 위해 낙엽 지기 전후 1~2회 잿빛곰팡이병 약제를 살포하고 볏짚으로 피복하는 것이 좋음

○ 복토 하면 월동 기간 안정적 수분 유지로 뇌두 발달이 촉진되고 해빙 시기에 주야간 심한 온도 차로 급격한 해동과 결빙으로 뇌두 부위가 동해를 입게 되는 것을 막아야 함

○ 관리기를 이용하여 고랑 흙으로 5cm 이상 복토해 주고 볏짚으로 피복 함

○ 월동기에는 눈·비에 의해 묘포 주변이나 고랑에 수분이 많아서 과습 상태가 되므로 적변삼이 발생하고 뿌리 끝이 잘리는 경우가 있음

○ 월동 중 과습에 의한 적변삼 방지 및 해빙기 동해 방지를 위해 묘포 주변 배수로를 정비하여 물 빠짐을 좋게 하여야 함

본 밭 보식(메워심기)

○ 보식 시기는 10월 중순~11월 중순 사이에 실시함
  - 보식할 모종삼은 본 밭과 같은 연생으로 하여야 함
  - 보식 작업은 주위에 있는 인삼 뿌리가 상하지 않도록 주의하여 이식 당시 뇌두와 같은 방향으로 45° 경사지게 심으며, 보식용 모종삼의 잔뿌리는 제거하여 심도록 하여야 함

□ 본 밭 월동관리
  ○ 본 밭 월동관리는 지상부에 고사한 줄기와 잎을 제거해 소각하고 4년생 때 염류 과다 포장에서는 표토에 염류 집적 현상이 나타나면 10월~11월에 깨끗한 황토 또는 고랑 흙으로 상면에 2~3cm 두께로 덮어야 함
  - 이는 잿빛곰팡이병 발생이 감소하여 결주 예방에도 도움이 되며, 뿌리 중량 및 수량 증가와 적변삼이 감소하여 수삼 품질이 향상되는 효과가 있음
  - 인삼의 부패는 잿빛곰팡이병에 의해 생기는데, 10월이나 11월에 감염되고, 이듬해 2~3월에 집중적으로 발생함
  - 인삼 잿빛곰팡이병은 5℃에서도 생육할 수 있으며, 최적 생육온도는 15~20℃ 임
  - 잿빛곰팡이병균은 월동 전 잎에 감염되고 이후 줄기로 2차 감염이 이루어지며, 월동 중인 줄기에는 인삼점무늬병 및 탄저병을 일으키는 균들도 높은 비율로 월동하고 있으므로 전염경로가 되는 잎과 줄기를 제거하여야 함
  - 또한 연생이 증가함에 따라 결주율도 증가하여 4년근부터는 발생이 급격히 늘어나며, PE 차광망은 차광지보다 결주율이 높고, 폭설 피해 포장에서는 결주율이 증가하는데 4년생에서 폭설 피해를 받으면 그 피해는 크지 않으나 5~6년생은 폭설 피해를 받으면 결주율이 더욱 많이 증가함
  - 월동 전 해가림 자재 제거 시 이듬해 결주율이 증가하는데 4년생보다 5년생에서 결주율이 많이 증가함
  - 월동 전 해가림 자재를 걷는 인삼포에서는 어느 정도 월동 전에 제거할 수 있고 해가림 자재를 걷지 않는 포장에서는 월동 전 약제를 살포하고 출아 전에 제거하면 생육기에 발생할 수 있는 잿빛곰팡이병뿐만 아니라 줄기점무늬병에도 효과가 있음

2. 당귀

☐ 수확
○ 정식한 그해 가을 10월 중순~11월 상순 식물체가 마르고 잎이 황색으로 변하기 시작하면 수확
 - 너무 일찍 수확하면 뿌리가 충실하지 않아 생산량이 적고, 품질이 떨어지며, 너무 늦게 수확하면 토양이 얼어서 뿌리가 끊어지기 쉬움
 - 수확하기 전 지상부 잎을 잘라내고 햇볕에 3~5일간 말림
 - 수확할 때 되도록 뿌리가 상하지 않게 캐낸 후 밭에서 어느 정도 말린 후, 흙을 털고, 병든 뿌리는 골라내고 건조함
 - 다목적 근 수확기, 굴삭기를 이용하여 수확하면 생력화 할 수 있음
○ 1차 건조 및 가공
 - 1차 건조는 햇볕에 6~9일 정도 자연 건조한 후 뿌리의 형태를 보기 좋게 교정하고 건조 덕을 이용하여 천일 건조 또는 40~50℃에서 2~4일 열풍건조 시킴
 - 당귀의 1차 가공(절단)은 이물질(흙)을 제거하고 고온의 수증기로 5~6분 연화시킨 다음 1.0~1.5mm 두께로 절단하여 그늘에서 건조하거나 열풍 건조하여 포장함
○ 2차 건조 및 저장
 - 당귀 2차 건조는 다목적 열풍건조기를 이용하여 약 40℃에서 건조 감량 13% 이하로 건조할 때 전단계 스팀제거를 위한 양건시기를 조절해야 함
 - 저장고에 저장할 때는 당귀가 변질되지 않았는지, 습기가 있는지, 수분함량이 적합하게 건조되었는지를 엄격히 검사하여야 함
 - 수분함량은 13%를 초과하지 말아야 함
 - 저장고는 청결하여야 하며 필요시에는 소독해 주어야 함

☐ 수확시기별 참당귀의 품질특성 변화

(영농활용: 2024. 국립원예특작과학원)

○ 배경
 - 신선 특용작물의 저장·유통 중 장해와 손실률 절감을 위한 기반 기술 마련 필요
  · 수확 시기별 유효성분 등 품질특성에 관한 분석 필요
 - 참당귀(*Angelica gigas*)는 연간 생산량이 많고 효능이 우수하나, 품질관리 방안은 미비함
  · 뿌리는 가을에 채취하여 건조한다고 알려져 있으나, 구체적 시기와 수확 시기별 품질 차이에 관한 연구는 미흡함

○ 개발된 영농정보 내용
 - 참당귀의 가을철 수확시기에 따른 품질특성 정보 제공
  · 참당귀는 9~10월 사이 수확시기에 따라 품질에 차이가 있음
  · 품질특성 조사 결과, 근직경(뿌리 굵기)과 근중(뿌리 무게)은 생육 후반부로 갈수록 증가하며, 9월 초순에 비해 근직경은 35~44%, 근중은 51~62% 증대됨
  · 유효성분의 함량은 세근에서 높게 나타나며, 세근량은 점차 증가
  · 주근 내 데쿠르신의 함량은 점차 증가하며, 10월 중순에 가장 높음
  · 세근 내 데쿠르신과 데쿠르시놀 안겔레이트의 함량은 10월 중순에 가장 높음

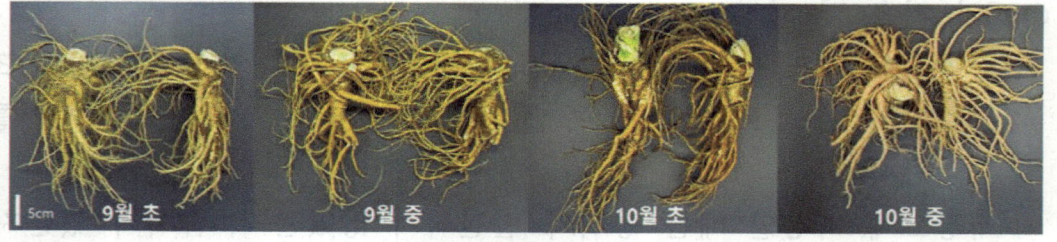

<수확 시기별 참당귀 뿌리>

○ 파급효과
 - 참당귀의 품질관리 및 부가가치 향상을 통한 농가 소득 증대
 - 특용작물의 유효성분 관련 데이터베이스 구축

3. 천궁

☐ 수확 및 조제
○ 수확
- 수확 적기는 잎과 줄기가 누렇게 변하는 10월 하순~11월 상순임
- 수확은 맑은 날이 2~3일 계속된 다음에 수확해야 뿌리에 붙은 흙이 잘 떨어져 조제하기 좋음
- 잎이 달린 채로 캐서 흙을 털고 밭고랑에서 1~2일간 말린 다음 걷어 들여 깨끗한 물로 세척함

○ 종근은 분리해서 저장하여 이듬해 봄에 이용함
- 저장 방법은 일반적으로 자루에 넣은 후 땅에 매몰하거나 그대로 햇볕과 비를 맞지 않는 곳에 그대로 둠
  · 될 수 있으면 따뜻한 실내는 피하는 것이 좋음

○ 건조
- 약재로 사용하는 것은 잔뿌리를 제거하고 깨끗한 물에 잘 씻어 햇볕 또는 건조기에서 말리며, 볕에 말린 것이 향기가 많고 품질도 좋음
- 건조 도중 얼게 되면 조직이 파괴되어 품질이 떨어지므로 얼지 않도록 함
- 건조기 이용 시 온도가 낮으면 절단면이 어두운 황색을 띠고 높은 경우는 검게 되어 빛깔이 나빠지므로 50℃가 적당하며, 육질이 치밀하고 향이 강한 것이 상등품임

○ 1차 가공 및 저장
- 저장기간이 길 때는 저장 중 충해를 받기 쉬운 약제이므로 건조하기 전에 65~75℃의 뜨거운 물에 15분 이상 담가 벌레나 알을 죽인 다음 완전히 건조해 밀봉 저장함
  · 이 방법은 장기저장에는 좋으나 온수 처리를 하지 않고 건조한 것에 비해 향이 적음
- 근경을 얇게 절단하면 건조 도중 부스러기가 많아지고, 두껍게 절단하면 건조시간이 길고 빛깔이 좋지 않으므로 3~5mm가 적당함

□ 천궁의 이독성 난청 개선효과 정보 제공

(영농활용: 2023. 국립원예특작과학원)

○ 배경
- 난청 환자의 지속적인 증가
  * 난청 진료 환자 수: 54.9만명('17) → 74만명('22)
- 다양한 약물이 이독성을 일으켜 내이의 손상으로 감각신경성 난청 발생
- 두뇌에 입력되는 소리가 줄어들게 되어 뇌 활동률이 떨어져 인지에 문제가 생길 수 있음
- 감각신경성 난청은 예방 외에 치료 방법이 거의 없으며 보청기 등의 보조수단을 이용하거나 기계적 장치를 체내에 이식하는 방법을 사용할 수 있음
- 안전한 천연물 소재를 이용한 이독성 난청의 예방 또는 치료용 소재 개발이 필요함
○ 개발된 영농기술정보
- 천궁 뿌리의 70% 에탄올 추출물로부터 에틸아세테이트 분획물 및 분획물로부터 유효성분을 분리함
- 네오마이신 처리에 따라 유모세포의 수가 유의적으로 감소하였으며 천궁 분획물 및 분리한 성분 처리로 유의적으로 유모세포의 수가 회복된 것을 확인함
  * 특허출원「천궁 유래 신규 화합물을 유효성분으로 포함하는 난청의 예방 또는 치료용 조성물 (10-2023-0164082)」내용으로 연구결과를 공식적으로 인정받음
○ 파급효과
- 천궁을 이용한 유모세포 회복 효능에 대한 체계적이고 과학적인 정보로서 천궁 재배농가를 대상으로 한 작목 교육 자료로 활용
- 약용작물 추출물의 활용 체계 마련 및 각종 난청 질환 유효성 검증 및 치료법 제시
- 약용작물의 이독성 난청 회복 효과에 대한 과학적인 구명 및 천궁 소재에 대한 기능성 정보 제공

4. 강활

☐ 정식
  ○ 묘 선별은 묘판 파종 그해 가을 10월 중·하순에 종근을 파내어 흙을 털고 묘 크기에 따라서 대묘(묘 지름 0.9cm 이상), 중묘(묘 지름 0.6~0.8cm), 소묘(묘 지름 0.5cm 이하)로 구분하고 소묘와 중묘를 정식함
  - 묘는 크기별로 심는 것이 관리하기 편하며, 대묘는 추대가 될 우려가 있으므로 심지 않는 것이 좋으며, 심을 때 뿌리 끝이 구부러지지 않도록 주의함
  - 가을에 정식하려면 가능한 한 묘를 굴취한 후 바로 심어 뿌리가 활착된 후 월동시킴

☐ 수확 및 조제
  ○ 수확
  - 수확은 정식한 그해 가을 10월 말~11월 초에 지상부를 베어내고 뿌리가 상하지 않도록 조심해서 수확함
  ○ 조제
  - 햇볕에 반 정도 건조되어 부드러워지면 잔뿌리를 아랫부분의 원뿌리와 함께 모아 보기 좋게 구부려 형태를 잡은 후 완전히 건조함
  - 품질이 좋은 상품의 강활은 수분함량이 12% 이하이고, 부드러우며 황갈색 속은 황백색임
  - 또 길이 20cm, 지름 3cm 이상인 것이 상등품이며, 등외품은 별도로 포장하여 출하해야 제값을 받을 수 있음
  ○ 품질
  - 순도: 잔경 및 그 밖의 이물이 5.0% 이상 섞여 있지 않음
  - 건조감량: 12.0% 이하
  - 회분: 10.0% 이하   - 정유함량: 0.2mL 이상(50g)
  - 엑스함량: 묽은 에탄올엑스 20.0% 이상

☐ 멀칭방법에 따른 강활 재배포장의 고온 경감 및 수량 증진 효과

(영농활용: 2024. 국립원예특작과학원)

○ 배경
- 강활은 서늘한 기후를 좋아하므로 경북 영양, 중북부 지역의 준고랭지 또는 고랭지가 재배 적지이며 남부 평야지는 한여름 하고현상 발생
- 최근 이상고온 등으로 고온 피해가 심하여 대응책 마련 필요

○ 개발된 영농정보 내용
- 흑색 필름 대신 저온성 필름을 멀칭하여 강활을 재배하면 여름철 두둑의 표면온도와 지온을 크게 낮춰 생육 개선 및 고사율 경감 효과를 볼 수 있음
  · 저온성 필름 이용 시 흑색필름 대비 표면 온도 10.4℃, 지온 5.1℃ 경감 하였고, 초장 44.9%, 초폭 82.6% 증가하여 생육이 개선되었으며 고사율은 96.7% 경감됨

<흑색멀칭 처리구 지상부>

<저온성필름(S10) 처리구 지상부>

<저온성필름(S10) 처리구 전초>

○ 파급효과
- 강활 안정 안정생산 및 수량 증수를 통한 농가 소득 증대 기여

5. 감초

□ 수확 및 조제

- ○ 수확
  - 묘는 정식 후 2~3년, 종자는 파종 후 3~4년에 수확할 수 있으며, 뿌리 생육상태 및 가격을 고려하여 4~5년까지 재배할 수 있음
  - 가을에 지상부 잎이 시들어 떨어진 후, 뿌리 단맛이 강하고 약효 성분이 높아지는 때가 수확 적기임
  - 그러나 필요에 따라서는 10월 중순부터 12월 상순까지 할 수 있음
  - 봄에 싹이 트기 전에 수확하는 것은 품질이 좋지 않을 뿐만 아니라 수량도 감소함
  - 수확 방법은 지상부의 줄기를 베어내고 굴착기로 캐냄
- ○ 건조 및 조제
  - 수확한 감초는 오염되지 않은 물로 세척하고, 열풍건조기에 30~60℃로 6~12시간 건조한 후 절단하고 다시 10~18시간 건조함
  - 이렇게 하면 완전히 건조해 수침, 절단한 다음 재건조하는 것보다 건조 노력 시간이 70% 이상 절감됨
  - 절단기를 사용할 때 유의할 점은 감초 뿌리는 섬유질이 많으므로 직각 절단기에 절단할 때는 문제가 없지만 원방기에서 사편으로 절단할 때는 칼날을 숫돌에 자주 연마하거나 교체해 주어야 고르고 원활하게 절단됨
- ○ 저장
  - 저장 중에 공기 중 수분을 흡수해서 곰팡이가 발생하기 쉽고, 해충 피해도 발생하여 상품성이 저하되기 때문에 적합한 저장조건이 요구됨
  - 감초는 수분함량이 12% 이하가 되도록 완전히 건조해 10℃ 이하 온도에 저장하여야 함
  - 저장 중에 방습을 완전하게 하려면 자주 햇볕을 쬐거나, 화력을 이용하여 다시 건조함

☐ 농촌진흥청, 유전체 해독으로 감초 품종 진화 실체 밝혀

(보도자료: 2025.5.01. 농촌진흥청)

○ 농촌진흥청은 게놈연구재단, 서울대·세명대 등 민·관·학 협업을 통해 감초 유전체를 해독하고 품종 진화의 실체를 밝히는 데 성공했음

○ 대표 약용작물인 감초는 한약재* 외에도 건강기능식품, 화장품 등 다양한 산업 분야에 쓰임

  * 비장을 강화하고 위장을 편안하게 하는 작용, 열을 내리고 독을 푸는 작용, 가래를 삭이고 기침을 멎는 작용 등을 함

○ 농촌진흥청은 감초 품종 개발 과정에서 세계적으로 가장 널리 쓰이는 '만주감초*'야생종을 수집해 약 415Mbp(메가베이스페어)의 유전체 정보를 조립했음

  * '만주감초'는 세계적으로 중국, 몽골 등 중앙아시아 사막 지역에 제한적으로 분포하며, 감초 중 가장 선호도 높아 고품질 한약재 등에 이용됨

○ 그리고 우즈베키스탄, 키르기스스탄, 중국 등 7개 나라에서 수집한 '유럽감초*'등 감초 자원 4종 29개체와 유전체를 비교, 분석했음

  * '유럽감초'는 우즈베키스탄 등 중앙아시아, 유럽에 분포하고 있으며 추출물로 만들어 식품(건강기능식품 등)에 활용됨

○ 그 결과, 감초 주요 생산지인 중앙아시아 지역에서 '만주감초'와 '유럽감초' 종 사이의 자연 교잡을 통해 감초의 유전적 다양성이 확장하고 있음을 확인했음

○ 구체적으로, 교잡으로 생겨난 감초 품종 안에는 '만주감초' 60%, '유럽감초' 40% 정도의 유전자 비율이 포함돼 있었음

○ 이번 연구 결과는 2025년 3월 국제학술지 '사이언티픽 리포트 (Scientific report (IF 4.3)*)'에 실려 학술적으로 인정받았음

  * 논문명: Contribution of interspecific hybrids to genetic variability in *Glycyrrhiza uralensis* and *G. glabra*

○ 그동안 감초 관련 다양한 연구가 이뤄져 왔지만, 고온 건조한 환경에서 적응하고 살아남기 위한 감초의 진화적 가설을 과학적으로 증명해 낸 것은 이번이 처음임
○ 농촌진흥청 국립원예특작과학원은 "감초 유전체 해독은 품종 판별 원천기술을 확보한 것으로 의미가 크다."라며 "앞으로 산업체 수요를 반영해 추출물 수율이 높은 감초 품종을 개발하는 한편, 감초 수출을 위한 생산단지도 조성할 계획이다."라고 말했음
○ 한편, 농촌진흥청은 '만주감초'와 '유럽감초'를 교배해 만든 감초 신품종 '원감', '다감'을 2023년 대한민국약전에 등재한 바 있음

감초 유전체 해독 연구 개요

○ 연구 배경
 - 감초는 우리나라에서 식의약품으로 가장 많이 사용되는 대표적인 약용작물이지만, 대부분 수입에 의존하고 있어 국내 환경에 적응된 품종 개발이 필요
 - 감초 국산화를 위한 신품종 개발과 약전 등재 과정에서 주요 감초의 유전적 기원을 밝히는 연구를 추진
○ 연구 결과
 - '만주감초'와 근연종(가까운 종) 간의 유전체 비교, 진화 분석
  · '만주감초' 야생종의 유전체 분석 결과 약 415Mbp의 유전체 정보가 조립되었고, 35,422개의 단백질 코딩 유전자를 동정(분류)하였음
 - 감초 수집 자원의 유전체 비교 분석을 통한 교잡 품종(코신스키)의 기원, 신품종과의 관계 구명
  · '만주감초'의 전장 유전체 분석과 감초 주요 재배국 자원의 유전체 비교 분석 결과, 중앙아시아 지역에서는 '만주감초'와 '유럽감초' 사이의 자연 교잡을 통해 감초의 유전적 다양성이 확장되고 있는 것으로 나타났음

6. 약용작물

□ 수확

○ 수확기 약초는 맑은 날을 선택하여 수확함
- 수확 즉시 흙이나 이물질이 들어가지 않도록 조제 정선함
- 건조기로 약초를 말릴 때는 작물별 건조온도에 맞추어 건조하여 품질이 좋은 약재가 생산되도록 함

○ (황금) 10월 하순~11월 상순경 잎이 누렇게 변하면 줄기를 베어낸 다음 뿌리를 수확함
- 수확한 뿌리는 흙을 털고 세척함
- 세척과 박피기를 동시에 할 수 있는 박피기를 이용하면 생력화할 수 있음
- 잔뿌리는 따로 모아 저장하여 종근으로 이용할 수 있음
- 건조 방법은 자연건조 방법과 6~9일 정도 천일건조 후 50℃에서 열풍 또는 저온냉풍 건조함
- 이때 건조 기간이 너무 길면 뿌리가 청색으로 변하여 상품가치가 떨어짐

○ (더덕) 밭에 심은 후 2~3년차 가을에 낙엽이 진 후 생육이 정지된 10월 중순 이후부터 다음 해 봄에 싹이 나오기 전까지 용도에 맞게 수확할 수 있는데 개당 무게가 30~50g 이상 되어야 식용이나 약용으로서 이상적인 크기이므로 출하 시기를 조절하여야 함
- 수확할 때는 뿌리가 상하지 않도록 주의하여 캐내고 수확 후에는 큰 뿌리와 작은 뿌리로 구분하여 작은 뿌리는 다시 심어 1년간 더 재배한 후 수확함
- 생 뿌리로 출하할 때는 50g 이상 30~40g, 20~30g 크기로 선별함

○ (백수오) 10~11월 하순에 수확할 수 있으나 봄에 수확하는 것보다 가을에 수확하는 것이 더 좋은데 이는 겨울 동안에 뿌리에 있던 수분 등이 증발하여 품질은 떨어지고 수량이 감소 되기 때문에 되도록 가을에 수확하는 것이 좋음

- 수확할 때는 굵기가 1cm 이상 되면 약제로 이용하고 가는 것은 종근으로 1~2년 더 재배하여 굵은 뿌리로 수확하는 것이 좋음
○ (고본) 정식을 한 그해 가을, 줄기와 잎이 누렇게 변한 10월 말에서 11월 초에 하며, 뿌리가 상하지 않도록 수확해 흙을 털고 지상부를 잘라버림
○ (작약) 정식한 후 발육이 잘된 것은 3~4년 만에 수확할 수 있음
 - 수확시기는 정식 시기, 뿌리의 발육상태, 병해충의 피해 정도 및 생약재의 가격을 고령하여 적절히 조절함
 - 수확은 세근이 발생하기 전후인 9월 하순~10월 하순경이 적기이지만 땅이 얼기 전 11월 하순까지 수확할 수 있음
 - 지상부 경엽을 제거한 다음 인력이나 장비를 이용해 수확 함

□ 파종·정식
○ (당귀) 노지에 육묘하여 이식재배 하는 경우, 봄이나 가을 노지에 파종하여 1년간 육묘 후 다음 해 봄에 이식함
 - 묘상은 비옥도가 중정도인 사양토나 양토에 넓이 90~120cm 높은 두둑을 만들고 5~10cm 고랑에 줄뿌림하여 줌
○ (시호) 봄철보다 가을 파종이 발아율이 높음
 - 파종은 너비 90cm 두둑을 만들고 골 사이를 20cm로 하여 깊이 1cm 정도로 얕게 줄을 팜
 - 이후 줄뿌림 하거나 인력 파종기를 이용하여 1cm 깊이, 5cm 간격으로 파종 후 볏짚으로 덮어 줌
○ (둥글레) 종근 정식은 봄, 가을 모두 가능하며, 10월 상순~11월 상순이 적기임
 - 두둑은 너비 120~180cm, 간격 30cm로 파종 골을 냄
 - 종근은 10cm 간격으로 심어줌
 - 두 줄로 심을 때는 한 줄은 왼쪽, 다른 줄은 오른쪽에 눈이 가게 심음
 - 한 줄로 심을 때는 눈이 왼쪽, 오른쪽으로 번갈아 가게 심어줌

7. 느타리버섯

□ 느타리버섯 재배 CO_2 농도가 자실체 생육 특성에 미치는 영향 분석

(영농활용: 2024. 국립원예특작과학원)

○ 배경
- 버섯은 다른 작목에 비해 자동화 대량생산 체계가 빠르게 진행되고 있으나, 디지털 기술의 적용과 확산은 미흡한 실정임
  · 디지털 생산을 위해서는 생육 모델 개발과 자동화 제어 시스템 구축이 요구되고 있어 재배 환경에 따른 자실체 발생양상 조사 필요

○ 개발된 영농기술정보
- 느타리버섯 재배 CO_2 농도별 시험을 통한 자실체 발생특성 조사 결과 수집
  · CO_2 농도별 배양 시험 결과 1,500ppm 이상에서만 균 배양이 완료되었고, 500~1,000ppm 농도에서는 배양이 50% 수준이었음

○ 파급효과
- 느타리버섯 생육환경(CO_2) 요인분석을 통한 안정적인 생산시스템 구축으로 상품성 향상된 기술을 통한 농가소득 증대

CO_2 농도 조절 이유

- CO_2 농도는 온도, 상대습도와 함께 고품질 버섯 생산에 필수 요소임
- 배양단계에서는 CO_2 농도가 1,500ppm 이상으로 높아져야 균 배양이 완료되고 1,000ppm 이하에서는 느타리 균 배양이 완료되지 않아 배양 단계중 적절한 CO_2 농도를 조절해야 함
- CO_2는 생육단계에 미치는 영향이 큼
- CO_2가 2,000ppm 이상으로 높아지게 되면 갓이 커지지 못하고 대만 자라게 되어 상품성이 떨어지는 버섯이 발생하게 됨
- 재배 단계별 적절한 CO_2 농도를 유지해야 상품성 있는 버섯 생산으로 농가 소득에 중요 요인이 될 수 있음

☐ 느타리버섯 재배 온도가 자실체 생육 특성에 미치는 영향 분석

(영농활용: 2024. 국립원예특작과학원)

○ 배경
- 느타리버섯 디지털 생산을 위해 재배 온도를 조건별로 처리하였을 때 변화되는 자실체 형태적 특성 양상을 조사하고 요인분석을 통한 원인관계를 구명하고자 함
  · 수집된 농업 데이터를 이용하여 생육모델 개발과 디지털 기술을 활용한 지능형 제어 시스템 구축이 요구되고 있어 기본 특성 조사 필요

○ 개발된 영농기술정보
- 느타리버섯 재배 온도별 시험을 통한 자실체 발생특성 조사 결과 수집
  · 온도별 배양 시험 결과 10℃에서는 10일 이상 늦은 생장을 보이고 35℃에서는 균사생장 정지로 생육 불가 확인

○ 파급효과
- 느타리버섯 생육환경 요인분석을 통한 안정적인 생산시스템 구축으로 생산성 향상된 기술을 통한 농가소득 증대

재배 온도 조절 이유

- 재배 온도는 고품질 버섯 생산을 위해 가장 우선으로 조절해 줘야 하는 항목임
- 배양 단계에서 온도가 35℃ 이상으로 높아지면 느타리버섯 균사가 사멸하여 자라지 못하므로 적정한 배양 온도를 조절해 주어야 함
- 배양 온도가 15℃ 이하로 낮아지면 균사 생장이 느려져 일반적으로 배양했을 때 비해 열흘 이상이 더 소요될 수 있음
- 생육 중 온도가 25℃ 이상으로 높아지면 먼저 발생한 자실체만 자라게 되어 수량과 상품성이 떨어지는 버섯이 발생하여 농가 소득에 큰 피해를 보게 됨
- 재배 단계별 적절한 온도를 유지해야 균일한 발생으로 수확량과 상품성을 동시에 높일 수 있으므로 재배 온도관리가 중요함

■ 느타리버섯 재배사 설정 온도와 병 내부 온도 비교 분석

(영농활용: 2024. 국립원예특작과학원)

○ 배경
- 느타리는 전국 722농가('23)가 있으며, 버섯의 생산량 중 33%를 차지하고 병재배와 균상재배를 주로 하며, 그 중 병재배가 차지하는 비율이 높음
- 재배사 설정온도에 대한 연구는 많지만 병 내부 환경에 대한 연구는 부족하여 재배사 설정 온도에 따른 병 내부 환경 변화를 분석하여 적절한 설정 온도 범위를 제시할 필요

○ 개발된 영농기술정보
- 시료: 느타리버섯 '수한'
- 재배사 설정온도: 15·20·25℃
- 주요 분석 결과
  · 재배사 설정 온도보다 병 내부 온도가 더 높게 유지됨을 확인함

처리 온도(℃)	재배사 설정 온도(℃)	병내부 온도(℃)	차이
15	14.4	15.3	0.9
20	19.2	21.1	1.9
25	21.9	26.7	4.8

  · 20℃에서 병당 수량과 개체 중량이 높고 안정적 생육을 보임

균사배양 온도(℃)	균사배양 기간	병당 수량 (g)	개체 중 (g)	갓 크기 및 특성
15℃	28일	145.5±3.2	10.1±0.4	갓 크기 큼
20℃	20일	165.1±2.8	12.2±0.3	안정적 생육
25℃	14일	150.3±3.0	7.4±0.2	갓 크기 감소

○ 파급효과
- 재배사 설정 온도 기준을 제공하여 병 내부 온도 관리 용이
- 재배사 설정 온도 관리 표준화로 재배사의 온도 유지 정보 제공 및 비용 절감

V. 주요 원예·특용작물 경영정보

1. 풋고추

☐ **수급 동향** (자료: 한국농촌경제연구원, 농업전망 2025)
  ○ 생산동향
   - 풋고추 재배면적은 농가 고령화와 타 작목 전환 등으로 감소세를 보이며 2010년 5,392ha에서 2024년 3,717ha까지 줄어들었음
   - 풋고추 생산량은 재배기술 향상 및 다수확·내병성 신품종 개발 등에도 불구하고 재배면적 감소로 줄어드는 추세를 나타내고 있음

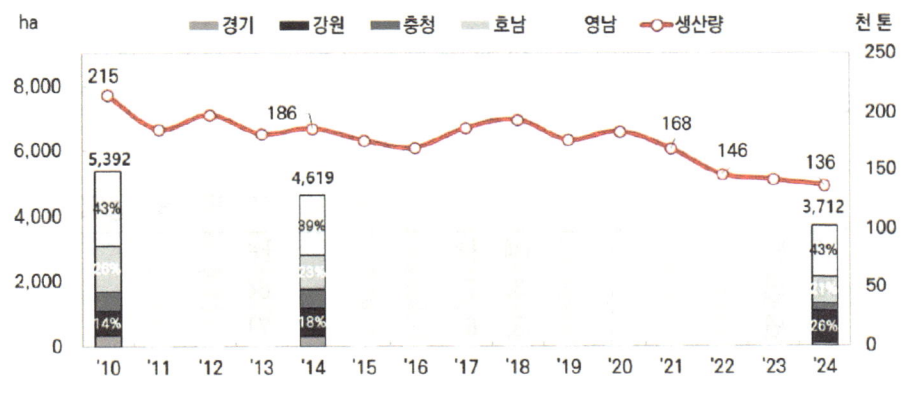

〈풋고추 재배면적과 생산량 추이〉

주: 2024년 생산량은 농업관측센터 추정치임
자료: 통계청, 농업관측센터

   - 지역별 재배면적 비중은 영남지역이 전체의 40% 이상을 유지하며 가장 높은 비중을 차지하고 있고, 강원지역은 2010년 14%에서 2024년 26%까지 늘어나 두 번째로 높은 비중을 차지하고 있음
   · 영남지역과 강원지역은 겨울 작형과 여름 작형 주산지로 이 시기에 출하되는 풋고추의 가격이 높게 형성되기 때문에 타지역에 비해 농가의 재배 의향이 높은 편이며, 강원지역의 경우 시설 지원사업 등으로 풋고추 재배면적이 증가하여 전체 재배면적에서 차지하는 비중도 증가한 것으로 나타났음

○ 2024년 생산 동향
- 2024년 풋고추 재배면적은 전년(2023년) 대비 2.1% 감소한 3,717ha 이었음
  · 이는 봄·가을철 주 출하지인 호남지역에서 재배 농가의 고령화와 전년 산 작황 부진으로 인한 수익성 하락 등으로 재배 규모를 축소하거나 타 작목 등으로 전환되면서 재배면적이 전년 대비 감소하였기 때문임
- 단수는 기상 여건 악화(일조시간 부족 등)로 전년 대비 2.0% 감소한 3,644kg/10a이었음
- 2024년 풋고추 생산량은 재배면적과 단수 감소로 전년 대비 4.0% 감소한 13만 6천 톤으로 추정됨

<2024년 풋고추 생산 동향>

(단위: ha, kg/10a, 천 톤, %)

구분		재배면적	단수	생산량
2024년		3,717	3,644	135.5
2023년		3,796	3,717	141.1
평년		4,146	3,942	163.1
증감률	전년 대비	-2.1	-2.0	-4.0
	평년 대비	-10.4	-7.5	-17.1

주: 2024년 단수는 농업관측센터 추정치이며, 평년은 2019~2023년 중 최대, 최소를 제외한 평균임
자료: 통계청, 농업관측센터

○ 가격 및 출하 동향[1]
- 2024년 풋고추 가격은 전년(2023년, 3,930원) 및 평년(3,645원) 대비 각각 16.8%, 25.9% 높은 4,590원/kg이었으며, 반입량은 전년 및 평년 대비 각각 2.6%, 8.2% 감소한 3만 1천 톤이었음
  · 1~6월 풋고추 가격은 주산지인 경남지역(진주, 밀양)에서 생육 여건 악화로 병해 및 바이러스 발생이 증가하여 전년(5,400원) 및 평년(4,456원) 대비 각각 14.8%, 39.1% 상승한 6,198원/kg이었음

---
[1] 서울가락도매시장을 기준으로 기술하였음

- 7~9월 가격은 강원지역 재배면적 감소와 기상 여건 악화로 바이러스 및 병해가 확산하는 등 작황이 부진하여 전년(2,669원) 및 평년(3,019원) 대비 각각 33.5%, 18.0% 상승한 3,564원/kg이었음

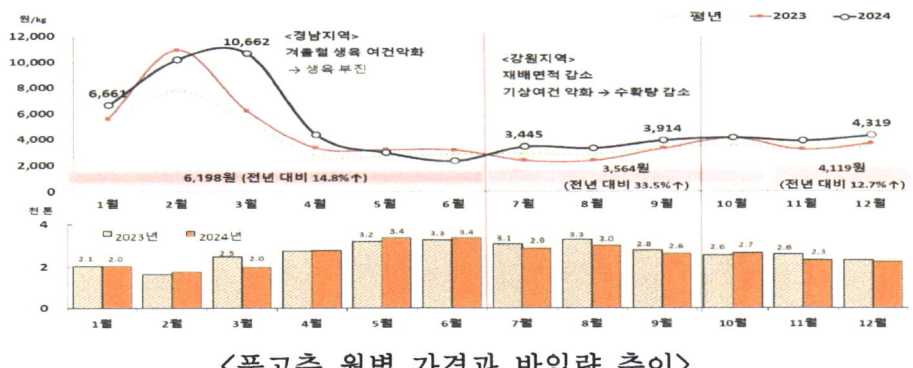

<풋고추 월별 가격과 반입량 추이>

주 1) 가격은 가락시장 평균단가(거래금액/거래물량)이며, 생산자물가지수(2020년=100)로 실질화함
   2) 풋고추는 청양계풋고추, 오이맛고추, 일반풋고추임
자료: 서울특별시농수산식품공사

- 품종별 반입량 증감에 따라 가격은 등락하고 있으나, 품종 특성에 따라 가격 변동성은 차이를 나타내고 있음
- 2024년에는 모든 품종의 풋고추 가격이 작황 부진으로 반입량이 감소하여 전년 대비 상승하였음
- 청양계풋고추 반입량은 2020년까지 일정 수준을 유지하였으나, 이후 재배면적 감소와 작황 부진으로 반입량이 줄어 가격은 상승세를 나타내고 있음
- 오이맛고추, 아삭이, 롱그린은 2013년 이후 반입량과 가격이 최근까지 상승하는 추세를 보이고 있는데, 반입량이 증가한 이유는 수요 증가로 가격이 높게 유지되자 많은 농가에서 일반풋고추에서 오이맛고추로 품종을 전환하며 재배면적이 확대되었기 때문임
- 일반풋고추(녹광, 청초 등)는 소비 부진으로 반입량 감소에도 가격이 유지하는 현상이 나타나고 있고, 농가에서 오이맛고추 등 타 품종으로 전환함에 따라 반입량은 계속 감소해 최근 5개년에는 평균 2천 톤 수준이었음

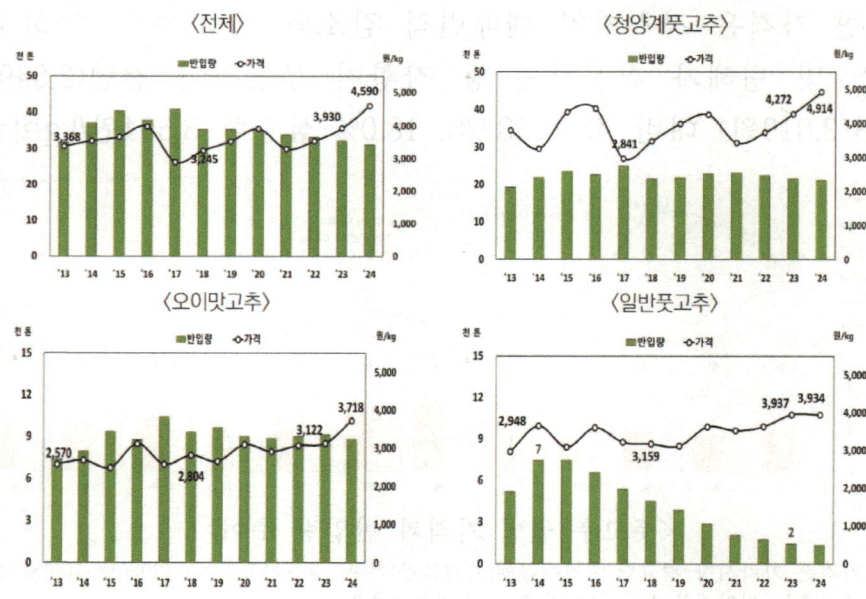

〈풋고추 품종별 가격과 반입량 추이〉

주 1) 가격은 가락시장 평균단가(거래금액/거래물량)이며, 생산자물가지수(2020년=100)로 실질화함
   2) 오이맛고추는 오이맛고추, 아삭이, 롱그린 합계임
자료: 서울특별시농수산식품공사

□ **수급 전망** (자료: 한국농촌경제연구원, 농업전망 2025)

○ 2025년 생산 전망

- 2025년 풋고추 정식(의향)면적은 최근 풋고추 가격이 지속적으로 높게 유지되자 농가의 재배 의향이 늘어 전년 대비 2.4% 증가할 것으로 조사 되었음
  · 시기별로는 대부분의 시기에서 정식 의향이 증가하였으나, 여름 작형 정식이 이루어지는 5~6월 재배 의향은 전년(2024년)과 비슷한 것으로 나타났음
  · 이는 5~6월 정식 주산지인 강원지역에서 전년 산 가격이 높게 형성 되었음에도 일부 농가가 장마 및 바이러스로 인한 피해로 재배의 어려움이 커져 2025년산 재배면적을 줄이려는 것으로 나타났기 때문임

<2025년 시기별 풋고추 정식(의향)면적>

(단위: %)

구분	2024년 9~12월	2025년 1~4월	2025년 5~6월	2025년 7~8월	전체
비중	42.5	12.4	22.8	22.3	100.0
전년 대비 증감률	3.5	2.4	-0.4	3.3	2.4

자료: 농업관측센터 표본농가 조사치

- 2025년 풋고추 전체 재배면적은 전년(2024년) 대비 2.4% 증가한 3,806ha로 전망됨
· 전년 산 출하기 가격 상승으로 겨울 작형 주산지인 영남과 호남 지역에서 재배면적이 증가한 것으로 조사되었음
- 풋고추 단수는 전년 대비 3.4% 증가할 것으로 전망되며, 정식기 고온으로 지연되었던 생육이 회복되며 경남지역 겨울 작형 풋고추 작황이 전년 대비 양호한 것으로 조사되었음
- 2025년 풋고추 생산량은 재배면적과 단수 증가로 전년 대비 5.9% 증가한 14만 4천 톤으로 전망됨

<2025년 풋고추 생산 전망>

(단위: ha, kg/10a, 천 톤, %)

구분		재배면적	단수	생산량
2025년		3,806	3,787	144.1
2024년		3,717	3,661	136.1
평년		3,980	3,815	151.8
증감률	전년 대비	-2.4	3.4	5.9
	평년 대비	-4.4	-0.7	-5.1

주: 2024년 단수는 농업관측센터 추정치, 2025년은 전망치임
자료: 통계청, 농업관측센터

○ 중장기 전망
- 풋고추 재배면적은 농가 고령화에 따른 노동력 부족 등으로 감소세가 지속되어 2034년 3,606ha로 전망됨
· 전체 재배면적은 감소하나, 겨울 작형과 여름 작형의 주산지인

경남과 강원지역의 재배면적 비중이 증가하며 주산지 집중 현상이 가속화될 것으로 전망됨
· 소비자 선호가 높은 청양계풋고추와 오이맛고추의 재배면적 비중은 증가하는 반면, 일반풋고추의 재배면적 비중은 감소할 것으로 전망됨
- 풋고추 생산량은 2034년 14만 3천 톤까지 완만한 감소 추세를 보일 것으로 전망되나, 단수 증가로 면적 감소 폭 대비 생산량 감소 폭은 축소될 것으로 전망됨
· 풋고추 단수는 재배기술의 향상과 다수확·내병계 품종의 개발 및 보급 등으로 2024년 3,661kg/10a에서 2034년 3,967kg/10a으로 전망됨
- 풋고추 1인당 연간 소비량은 2034년까지 현재 수준(2.8kg)을 유지할 것으로 예측됨

〈풋고추 중장기 수급 전망〉

구분	단위	2023년	전망		
			2024년	2028년	2033년
재배면적	ha	3,717	3,806	3,727	3,606
단수	kg/10a	3,661	3,787	3,867	3,967
국내 생산량	천 톤	136.1	144.1	144.1	143.1
1인당 소비량	kg	2.6	2.8	2.8	2.8

주: 2024년 단수는 농업관측센터 추정치, 2025년 이후는 전망치임
자료: 통계청, 농업관측센터, 한국농촌경제연구원(KASMO)

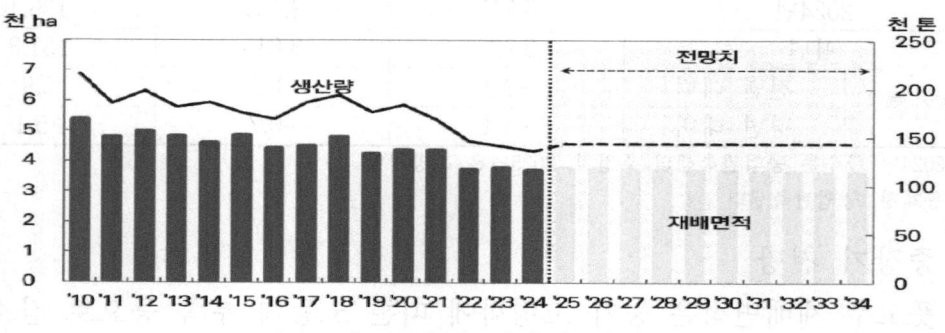

〈풋고추 중장기 생산량 전망〉

주: 2024년 생산량은 농업관측센터 추정치, 2025년 이후는 전망치임
자료: 통계청, 농업관측센터, 한국농촌경제연구원(KASMO)

☐ **시설 고추(10a당 수익성)** 자료: 2023년 농촌진흥청 농산물 소득 자료집
○ 2023년도 시설 고추 10a당 총수입은 20,077,288원으로 전년 대비 3.7% 증가
- 수량은 5.7% 감소했으나 가격이 9.9% 상승하여 총수입이 증가함
○ 10a당 경영비는 9,776,668원으로 전년 대비 3.9% 증가
○ 10a당 소득은 10,300,620원으로 전년 대비 3.5% 증가
- 총수입 증가액이 경영비 증가액보다 많아 소득이 증가함

<연도별 10a당 수익성 비교>

연도	2019 (A)	2020 (B)	2021 (C)	2022 (D)	2023 (E)	대비(%) E/A	E/B	E/C	E/D
총수입(원)	14,372,142	16,636,019	17,942,420	19,364,950	20,077,288	140	121	112	104
수량(kg/10a)	4,487	4,918	5,625	5,561	5,245	117	107	93	94
단가(원/kg)	3,202	3,382	3,190	3,482	3,828	119	113	120	110
경영비(원)	7,031,662	7,988,604	8,506,014	9,412,997	9,776,668	139	122	115	104
생산비(원)	12,320,608	13,957,517	14,845,645	16,331,121	16,230,879	132	116	109	99
소 득(원)	7,340,479	8,647,415	9,436,406	9,951,953	10,300,620	140	119	109	104
순수익(원)	2,051,534	2,678,502	3,096,775	3,033,829	3,846,409	187	144	124	127

○ 2023년 시설 고추 10a당 생산비 중 투입요소 비중은 노동비(46.7%), 감가상각비(12.9%), 수도광열비(11.6%), 기타재료비(8.5%) 등 순이며, 상위 4개 요소가 생산비의 79.7%를 차지함

<10a당 생산요소별 생산비>

(단위: 원, %)

연도	종자 종묘비	비료비	농약비	수도 광열비	기타 재료비	감가 상각비	임차료	노동비	용역비	기타	계
2023년 (A)	664,278 (4.1)	752,519 (4.7)	682,016 (4.2)	1,873,039 (11.6)	1,385,261 (8.5)	2,094,635 (12.9)	215,468 (1.3)	7,587,492 (46.7)	776,538 (4.8)	199,633 (1.2)	16,230,879 (100.0)
2022년 (B)	615,191 (3.8)	768,835 (4.7)	612,420 (3.8)	2,049,770 (12.5)	1,374,365 (8.4)	2,168,815 (13.3)	247,370 (1.5)	7,479,825 (45.8)	872,530 (5.3)	142,000 (0.9)	16,331,121 (100.0)
(A-B,%p)	0.3	-	0.4	-0.9	0.1	-0.4	-0.2	0.9	-0.5	0.3	-

2. 파프리카

□ **수급 동향** (자료: 한국농촌경제연구원, 농업전망 2025)
  ○ 생산동향
   - 파프리카 재배면적은 시설 지원사업 확대와 건강 중심 소비 패턴 확산 등으로 최근 10년(2014~2023년)간 연평균 3.4% 증가하는 추세를 보였음
   - 파프리카 생산량은 재배면적과 단수 증가로 동기간 연평균 3.8% 증가하는 추세를 보였음

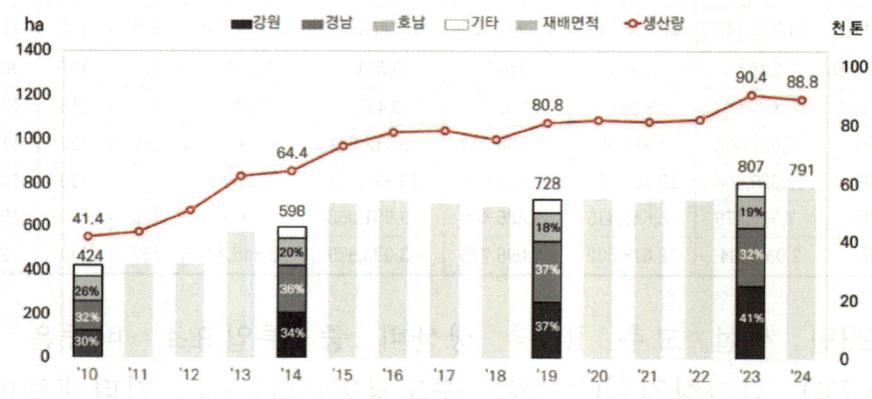

〈파프리카 재배면적과 생산량 추이〉

주 1) 2024년 재배면적과 생산량은 농업관측센터 추정치임
  2) 부산광역시, 울산광역시는 경상남도, 광주광역시는 호남지역으로 분류하였으며,
     서울특별시, 인천광역시, 대전광역시, 경기도, 충청도 등은 기타로 분류함
자료: 농림축산식품부, 농업관측센터

  - 파프리카 재배면적은 90%가량이 강원과 경남, 호남지역에 집중되어 있음
   · 강원과 경남지역의 파프리카 재배면적 규모는 서로 비슷한 수준을 유지하고 있었으나, 2023년 강원지역에서 재배면적이 전년(2022년) 대비 27.5% 증가하며 지역별 파프리카 재배면적 비중은 강원(41%), 경남(32%), 호남(19%) 등으로 나타났음

- 강원지역 파프리카 재배면적은 지자체에서 실시하는 '스마트팜 도입 지원사업[2]', '농산물 유통시설 확충 사업', '스마트팜 통합 관제시스템 운영 사업' 등 농가 지원 사업 확대의 영향으로 늘어나고 있음

○ 2024년 생산 동향
- 2024년 파프리카 재배면적은 고소득 작목(토마토)[3]으로의 전환과 고령화로 인한 노동력 부족으로 전년(2023년) 대비 2.0% 감소한 791ha로 추정됨
  - 최근 5년(2019~2023년)간 파프리카 재배면적이 연평균 2.1% 증가한 점을 고려할 때, 2024년 재배면적은 전년 대비 감소했으나 여전히 평년 대비 8.5% 증가한 수준임
- 2024년 파프리카 단수는 전년과 비슷한 수준인 11,230kg/10a로 추정됨
  - 이는 병해충의 영향에도 안정적인 재배기술과 시설 환경 관리로 생산성이 유지됐기 때문임
- 2024년 생산량은 재배면적 감소로 전년 대비 1.7% 감소한 8만 9천 톤으로 추정됨

<2024년 파프리카 생산 동향>

(단위: ha, kg/10a, 천 톤, %)

구분		재배면적	단수	생산량
2024년		791	11,230	88.8
2023년		807	11,208	90.4
평년		729	11,219	81.7
증감률	전년 대비	-2.0	0.2	-1.7
	평년 대비	8.5	0.1	8.8

주: 2024년 재배면적, 단수는 농업관측센터 추정치이며, 평년은 2019~2023년 중 최대, 최소를 제외한 평균임
자료: 통계청, 농업관측센터

---

2) 강원특별자치도는 농림축산식품부가 주관하는 '지역특화 임대형 스마트팜 공모사업'에 선정되며 2022~2023년간 평창군에 200억원을 투자하여 5ha 가량의 스마트팜을 조성하였음(강원특별자치도농업기술원, 2022)
3) 2023년 기준 품목별 소득률은 파프리카 26.1%, 토마토 50.4%, 고추 51.3%인 것으로 나타났음 (농촌진흥청, 「농산물소득조사」,2024)

○ 가격 및 출하 동향
 - 최근 5년(2020~2024년)간 전국 도매시장으로 출하된 파프리카(빨강, 노랑, 오렌지)의 64%가 서울가락도매시장으로 반입되었고, 다음은 대구북부(5%), 부산엄궁(5%) 순이었음
 - 2024년 파프리카 반입량(2만 4천 톤)은 전년(2023년) 대비 0.4% 증가하였으나, 가격은 전년(3,600원) 대비 5.2% 상승한 3,786원/kg 이었음
  ・5~7월 반입량이 크게 늘어 연간 반입량은 전년 대비 증가하였으나, 1~4월과 8~12월에는 반입량 감소로 가격이 전년 및 평년 대비 상승[4]
  ・1~4월은 반입량은 작목 전환으로 재배면적이 줄어 전년 대비 감소하였고, 가격은 전년(4,642원) 대비 28.6% 상승한 5,972원/kg이었음
  ・5~7월은 병·바이러스 피해가 감소함에 따라 반입량이 전년 대비 증가하였고, 가격은 전년(2,511원) 대비 13.9% 하락한 2,163원/kg 이었음
  ・일반적으로 11~12월은 겨울 작형 출하 시기로 반입량이 증가하며 가격은 하락하는 경향을 보이고 있으나, 8월부터 지속된 폭염 피해와 작목 전환 등으로 12월까지 반입량이 감소하였으며, 8~12월 가격은 전년(3,455원) 대비 21.3% 상승한 4,189원/kg이었음
 - 2024년 파프리카 품종별 반입량 비중은 빨강 파프리카 56%로 가장 높았으며, 다음으로 노랑 파프리카(41%), 오렌지 파프리카(3%) 순임
 - 파프리카 가격은 반입량 증감에 따라 등락을 반복하고 있으며 최근 3년(2022~2024년)간 가격은 상승세를 보였음
  ・빨강 파프리카와 노랑 파프리카의 2024년 반입량은 전년 대비 각각 1.4%, 0.5% 증가하였으나, 가격은 각각 9.7%, 13.2% 상승하였음
  ・이는 겨울 작형 출하량 감소, 1인당 소비량 증가, 충성고객 확대[5] 등의 요인이 가격에 영향을 주었기 때문임

---

[4] 서울가락도매시장을 기준으로 기술하였음
[5] 파프리카 1인당 연간 소비량은 2010~2023년간 연평균 5% 증가하였으며, 소비 동향은 제품을 구매하는 고객 중 '충성고객'의 비율이 높은 성숙기 단계로 진입하였음(농촌진흥청, 「2024 농식품 소비트렌드 분석」, 2024)

- 오렌지 파프리카의 2024년 반입량은 전년 대비 18.8% 감소하였으며, 가격은 전년(3,885원) 대비 20.2% 상승한 4,670원/kg이었음

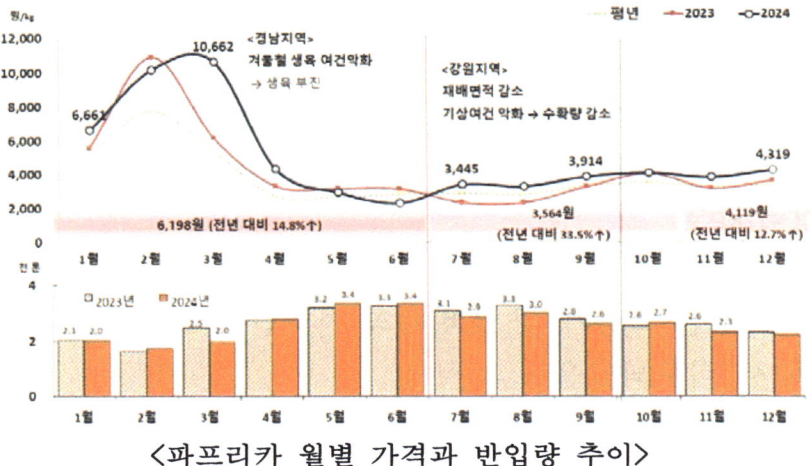

〈파프리카 월별 가격과 반입량 추이〉

주 1) 가격은 가락시장 평균단가(거래금액/거래물량)이며, 생산자물가지수(2020년=100)로 실질화함
   2) 평년은 2019~2023년 중 최대, 최소를 제외한 평균임.
자료: 서울특별시농수산식품공사

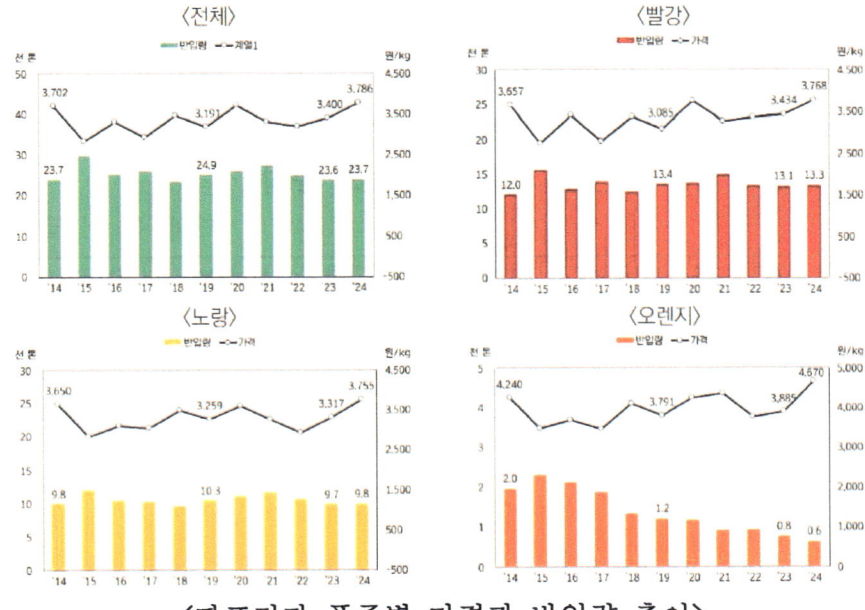

〈파프리카 품종별 가격과 반입량 추이〉

주: 가격은 가락시장 평균단가(거래금액/거래물량)이며, 생산자물가지수(2020년=100)로 실질화함
자료: 서울특별시농수산식품공사

○ 수출입 동향
- 파프리카는 일본으로 전량 수출되고 있으며, 이는 지리적 특성으로 운송비가 낮아 국산 파프리카가 일본에서 가격 경쟁력이 높기 때문임
- 2024년 파프리카 수출량은 1만 5천 톤으로 전년(2023년) 대비 32.0% 감소하였으나, 수입 단가는 전년(3.0달러) 대비 10.0% 상승한 3.3달러/kg임
- 파프리카 수출량 감소는 엔저 현상에 따른 가격 경쟁력 약화, 일본 내 자체 생산량 증가 및 소비자의 자국산 선호도 증가 등 복합적인 요인에서 비롯되었음
- 특히, 일본은 최근 파프리카 생산량이 큰 폭으로 증가[6] 하였으나 파프리카 소비량이 감소[7]하고 있어 공급 과잉이 우려되고 있음
· 또한, 일본 소비자의 자국산 선호도가 높아[8] 한국산 파프리카의 일본 시장 경쟁력이 약화되고 있음
- 일본 시장에 대한 높은 의존도를 고려할 때, 수출 구조 다변화를 통한 안정적인 판로 확보가 필요하며 정부는 필리핀, 홍콩 등으로의 수출 확대 지원 사업을 시행하고 있음

<신선 파프리카 수출 동향>

(단위: 톤, 천 달러, 달러/kg)

구분	2015년	2019년	2020년	2021년	2022년	2023년	2024년
수출량	29,376	35,325	30,274	27,448	26,789	21,700	14,763
수출액	85,213	91,515	86,437	82,116	73,076	64,141	49,330
수출단가	2.9	2.6	2.9	3.0	2.7	3.0	3.3

주 1) 평년은 2019~2023년 중 최대, 최소를 제외한 평균이며, 2024년은 잠정치임
   2) HS Code는 0709601000임
자료: 관세청, 한국관세무역개발원

---

[6] 일본 농림수산성의 2024년 6월 발표에 따르면, 2022년 기준 파프리카 재배면적은 81ha로 10년 전보다 10% 증가하였으며, 수확량은 7,380톤으로 80% 증가하였음(일본 농림수산성, 2024).
[7] 일본의 1인당 파프리카 소비량은 2019년 389g에서 2023년 259g으로 연평균 9.7% 감소하였음(한국농수산식품유통공사, 『일본 파프리카 시장 동향 및 대일수출 확대 방안 전략 조사』, 2024).
[8] 파프리카 소비자 중 국내산 선호도가 증가하고 있으며, 국산품 원산지가 구매의사 결정에 중요한 요인으로 나타났음(미야기현 농업·원예 종합 연구소, 『パプリカ消費者購買行動調査報告書』(파프리카 소비자 구매 행태 조사 보고서), 2021).

◻ **수급 전망** (자료: 한국농촌경제연구원, 농업전망 2025)
  ○ 2025년 생산 전망
  - 2025년 파프리카 정식(의향) 면적은 전년 대비 1.5% 감소하는 것으로 조사되었음
    · 2024년 겨울 작형(6~10월) 정식면적은 영남지역의 작목 전환(오이, 토마토)과 호남지역 병해충 피해로 인해 전년(2023년) 대비 2.3% 감소한 것으로 조사되었음
    · 2025년 여름 작형(1~5월) 정식면적은 강원지역의 노동력 부족으로 전년(2024년) 대비 1.0% 감소할 것으로 조사되었음

<2025년 파프리카 시기별 정식(의향)면적>

구분	2024년 겨울 작형(6~10월)	2025년 여름 작형(1~5월)	전체
비중	39.5	60.5	100.0
전년 대비 증감률	-2.3	-1.0	-1.5

자료: 농업관측센터 표본농가 조사치

  - 2025년 파프리카 재배면적은 작목 전환(오이, 피망, 토마토 등)으로 전년(2024년) 대비 1.5% 감소한 779ha로 전망됨
  - 2025년 파프리카 단수는 전년과 비슷한 11,208kg/10a 수준을 유지할 전망이며, 기상 요인 등 불확실성이 존재하여 변동 가능성은 있음
  - 2025년 파프리카 생산량은 재배면적과 단수 감소로 전년 대비 1.7% 감소한 8만 7천 톤으로 전망됨

<2025년 파프리카 생산 전망>

(단위: ha, kg/10a, 천 톤, %)

구분		재배면적	단수	생산량
2025년		779	11,208	87.3
2024년		791	11,230	88.8
평년		750	11,240	84.2
증감률	전년 대비	-1.5	-0.2	-1.7
	평년 대비	3.9	-0.3	3.7

주: 2024년 단수는 농업관측센터 추정치, 2025년은 전망치임
자료: 농업관측센터 표본농가 조사

○ 중장기 전망
- 파프리카 재배면적은 2025년 779ha에서 2034년 802ha로 증가할 전망임
· 소규모 재배 농가의 작목 전환이 지속되고 있으나, 농가의 규모화로 전체 파프리카 재배면적은 점진적으로 증가할 전망임
- 파프리카 단수는 2025년 평년 수준(11,208kg/10a)을 나타내며, 이후 신품종 개발과 재배기술 향상으로 생산성이 개선되어 2034년에는 11,71kg/10a까지 증가할 전망임
· 현재 스마트팜 기반의 환경 제어 기술과 병해충 저항성 신품종 개발이 진행 중이며, 이를 통해 파프리카 재배 효율성과 품질이 계속 향상될 것으로 기대됨
- 파프리카 생산량은 재배면적과 단수 증가로 2025년 8만 7천 톤에서 2034년 9만 톤까지 증가할 전망임
- 파프리카 수출량은 국내 재배면적 증가와 수출국 다변화로 인해 2025년 1만 6천 톤에서 2034년 2만 톤까지 증가할 전망이며, 1인당 연간 소비량은 중장기적으로 1.4kg 수준을 유지할 것으로 전망됨

<파프리카 중장기 수급 전망>

구분	단위	2024년	전망		
			2025년	2029년	2034년
재배면적	ha	791	779	788	802
단수	kg/10a	1,230	11,208	11,236	11,271
국내 생산량	천 톤	88.8	87.3	88.5	90.4
수출량	천 톤	15.2	15.9	17.5	19.7
1인당 소비량	kg	1.4	1.4	1.4	1.4

주: 2024년 단수는 농업관측센터 추정치, 2025년 이후는 전망치임
자료: 통계청, 농업관측센터, 한국농촌경제연구원 KASMO(Korea Agricultural Simulation Model)

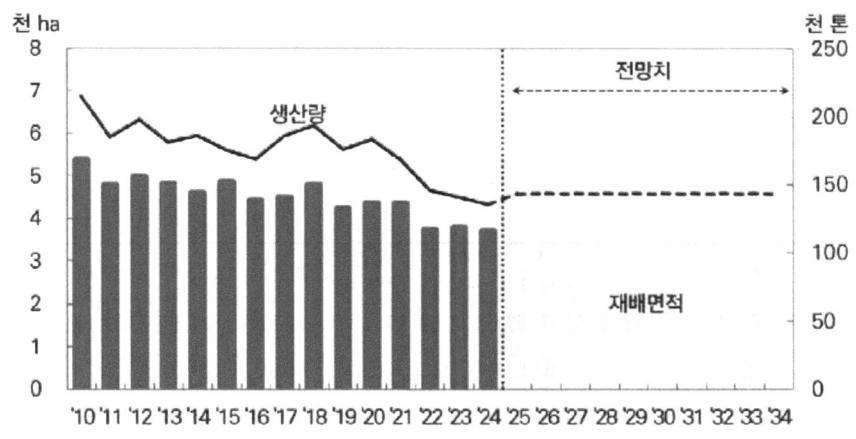

<파프리카 중장기 생산 전망>

주: 2024년 생산량은 농업관측센터 추정치, 2025년 이후는 전망치임
자료: 통계청, 농업관측센터, 한국농촌경제연구원 KASMO(Korea Agricultural Simulation Model)

□ 시설 파프리카(10a당 수익성) 자료: 2023년 농촌진흥청 농산물 소득 자료집
  ○ 2023년도 시설 파프리카 10a당 총수입은 40,833,808원으로 전년 대비 3.7% 증가
  - 수량은 0.9% 증가하고 가격이 2.8% 상승하여 총수입이 증가함
  ○ 10a당 경영비는 30,164,806원으로 전년 대비 6.7% 증가
  ○ 10a당 소득은 10,669,003원으로 전년 대비 3.8% 감소
  - 경영비 증가액이 총수입 증가액보다 많아 소득이 감소함

<연도별 10a당 수익성 비교>

연도	2019 (A)	2020 (B)	2021 (C)	2022 (D)	2023 (E)	대비(%)			
						E/A	E/B	E/C	E/D
총수입(원)	33,380,434	35,266,891	36,989,142	39,364,235	40,833,808	122	116	110	104
수량(kg/10a)	12,838	12,453	12,675	12,315	12,425	97	99	98	101
단가(원/kg)	2,600	2,832	2,918	3,196	3,286	126	116	113	103
경영비(원)	26,927,133	28,473,446	26,250,421	28,271,164	30,164,806	112	106	99	107
생산비(원)	32,642,596	34,301,258	32,008,767	34,501,642	36,711,597	112	107	115	106
소 득(원)	6,453,301	6,793,445	10,738,721	11,093,071	10,669,003	165	157	96	96
순수익(원)	737,838	965,633	4,980,375	4,862,593	4,122,211	559	427	83	85

○ 2023년 시설 파프리카 10a당 생산비 중 투입요소 비중은 노동비(23.4%), 수도광열비(16.8%), 감가상각비(15.8%), 기타재료비(15.6%) 순이며, 상위 4개 요소가 생산비의 71.6%를 차지함

<10a당 생산요소별 생산비>

(단위: 원, %)

연도	종자 종묘비	비료비	농약비	수도 광열비	기타 재료비	감가 상각비	임차료	노동비	용역비	기타	계
2023년 (A)	2,362,352 (6.4)	3,095,548 (8.4)	1,156,919 (3.2)	6,163,553 (16.8)	5,732,505 (15.6)	5,761,824 (15.8)	224,214 (0.6)	8,601,362 (23.4)	3,049,430 (8.3)	563,890 (1.5)	36,711,597 (100.0)
2022년 (B)	2,361,764 (6.8)	2,975,129 (8.6)	1,105,211 (3.2)	5,626,299 (16.3)	5,187,037 (15.0)	6,096,349 (17.7)	270,545 (0.8)	7,525,138 (21.8)	2,916,816 (8.5)	437,354 (1.3)	34,501,642 (100.0)
(A-B,%p)	-0.4	-0.2	-	0.5	0.6	-1.9	-0.2	1.6	-0.2	0.2	-

2. 주요작물 가격동향

기준일 2025. 9. 17.

☐ **가격 변동폭이 큰 품목** (전주·전월·전년 대비)

가격 상승 품목	가격 하락 품목
	배추, 무, 배

☐ **농산물 도매가격 동향** (증감률 110 이상, 90 이하)

	품목	기준단위	당일	전주	증감률	전월	증감률	전년	증감률	평년	비고
채소	배추	1포기	6,097	7,033	87	6,923	88	8,304	73	7,995	전체
	무	1개	2,017	2,280	88	2,595	78	3,762	54	3,315	
	양파	1kg	2,118	2,270	93	2,156	98	2,129	99	2,140	
	파	1kg	3,141	2,932	107	3,190	98	3,376	93	3,370	대파
	시금치	1kg	29,270	28,330	103	24,440	120	39,080	75	21,970	
	상추	1kg	17,120	16,090	106	15,350	112	21,040	81	18,840	적
	깻잎	1kg	32,520	31,090	105	29,190	111	35,690	91	31,330	
	호박	1개	1,534	1,581	97	1,296	118	2,165	71	2,347	조선애
	오이	10개	13,717	12,907	106	14,031	98	13,708	100	13,443	가시계통
	풋고추	1kg	17,600	15,580	113	17,200	102	21,070	84	18,270	
	청양고추	1kg	11,500	11,020	104	13,720	84	17,200	67	15,900	
	건고추	1kg	28,358	28,510	99	30,010	94	31,688	89	31,422	화건
	피망	1kg	12,120	12,280	99	10,460	116	12,850	94	14,410	
	파프리카	1kg	9,990	9,620	104	10,170	98	12,445	80	11,550	
	토마토	1kg	6,995	6,801	103	5,591	125	8,628	81	7,183	
	방울토마토	1kg	11,611	12,137	96	9,497	122	11,320	103	10,395	대추형
	멜론	1개	10,254	10,003	103	10,345	99	10,039	102	10,458	
	수박	1개	31,069	31,733	98	30,560	102	28,310	110	26,026	

	품목	기준단위	당일	전주	증감률	전월	증감률	전년	증감률	평년	비고
과수	바나나	1kg	3,080	3,480	89	2,900	106	3,370	91	3,150	
	사과	10개	25,728	29,905	86	34,639	74	24,931	103	28,612	홍로
	배	10개	24,726	28,423	87	35,903	69	31,730	78	31,609	신고
특작	느타리	2kg	19,700	19,440	120	16,180	83	23,560	84	23,160	
	새송이	2kg	12,160	10,440	116	10,720	113	12,920	94	12,160	
	팽이	1.5kg	5,330	5,340	100	5,400	99	5,560	96	5,820	
	표고	2kg	20,127	20,556	98	20,820	97				생
	양송이	2kg	31,442	22,918	137	21,412	147				
	수삼	10뿌리	31,000	31,000	100	31,000	100	33,000	94		
	6년근직삼	15편	51,600	51,600	100	51,600	100	49,200	105		
화훼	장미	1단	4,422	4,244	104	2,630	168				비탈
	백합	1단	7,602	7,568	100	7,936	96				시베리아
	호접란	1단									만천홍1.5대

* 자료: aTKamis, aT화훼공판장(장미, 백합, 호접란), 금산군청(수삼, 6년근직삼), 서울특별시농수산식품공사(표고, 양송이)
* 수삼, 6년근직삼: 당일 2025/9/7, 전주 2025/9/2, 전월 2025/8/7, 전년 2024/9/7 기준으로 함
* 호접란: 당일 2025/9/15, 전주 2025/9/8, 전월 2025/8/18, 전년 2024/9/16 기준으로 함

편집인 : 기술지원과장 이남수

편집기획 : 최상호, 김다인, 성진경, 김성규, 유군선, 박정운,
　　　　　　이동훈, 이승호, 김소희, 김다인, 신동윤, 나예림,
　　　　　　유흥규, 장상현, 지수정

(연구결과 활용을 위한)
원예·특용작물 기술정보 (13)

초판 인쇄　2025년 10월 22일
초판 발행　2025년 10월 25일

저　자 농촌진흥청, 국립원예특작과학원
발행인 김갑용

발행처 진한엠앤비
주소 서울시 서대문구 독립문로 14길 66 205호(냉천동 260)
전화 02) 364 - 8491(대) / 팩스 02) 319 - 3537
홈페이지주소 http://www.jinhanbook.co.kr
등록번호 제25100-2016-000019호 (등록일자 : 1993년 05월 25일)
ⓒ2025 jinhan M&B INC, Printed in Korea

ISBN 979-11-290-6195-9　(93520)　　　[정가 14,000원]

☞ 이 책에 담긴 내용의 무단 전재 및 복제 행위를 금합니다.
☞ 잘못 만들어진 책자는 구입처에서 교환해 드립니다.
☞ 본 도서는 [공공데이터 제공 및 이용 활성화에 관한 법률]을 근거로 출판되었습니다.